打印技术

邱国仙

U0157940

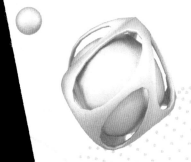

内容简介

本书由参与编写增材制造设备操作员国家职业技能标准的部分专家
品设计及3D打印技术丰富经验的教师和企业工程师共同编写。本书
打印技术的流程安排项目顺序和内容，体系结构清晰，便于读者学
本书可作为增材制造技术、模具设计与制造、机械设计与制造、机
动化、数字化设计与制造技术、工业设计等专业的教材，还可
术人员的培训教材或参考书。

图书在版编目（CIP）数据

3D 打印技术 / 刘永利，张奎晓，邱国仙主
京：国防工业出版社，2024.1
ISBN 978-7-118-13108-6

Ⅰ.① 3… Ⅱ.①刘… ②张… ③邱…
型技术 Ⅳ.① TB4

中国国家版本馆 CIP 数据核字（2024

※

国防工业出版

（北京市海淀区紫竹院南
北京荣玉印
新华

开本 787×1092 1/
2024 年 1 月第 1 版第 1 次

（本书如有
国防书店：（010）885407
发行业务：（010）885407

编委会名单

主　审　付宏生

主　编　刘永利　张奎晓　邱国仙

副主编　刘辉林　董云菊　刘志宏　孔庆玲　俞　侃

参　编　郑进辉　陈　剑　林静辉　尹静洁　李　登　王　跃

前言

　　3D 打印技术已成为产品制作、开发和创新设计的一种重要手段，广泛应用于机械工程、汽车、家电、航空航天、生物医学、建筑和文化创意等领域。随着越来越多的企业将 3D 打印技术应用于新产品开发和制造中，企业对 3D 打印技术人才的需求也逐年增多，本教材出版的目的就是培养更多 3D 打印技术技能型人才，满足经济社会发展的需要。

　　本教材在编写过程中，以3D打印技术应用为重点，包含必要的理论知识，遵循"项目驱动、任务引领"的高职课程改革理念，以快速制作三维模型为出发点，依据3D打印技术的工艺流程设计任务，强化技术应用，使读者在短时间内了解3D打印技术的基本知识和技术技能。

　　本教材具有以下特色。

1. 以新技术发展为主题，突出技术应用

　　内容选取上，教材力求反映3D打印技术发展的最新动态和实际需求，教材开发团队紧紧围绕新技术、新工艺、新设备在3D打印技术中的具体应用来组织教材内容，同时把3D打印技术的工作流程贯穿于项目布置和任务实施中。

2. 以"项目驱动，任务引领"为理念，设计教材结构

　　本教材按照项目化模式进行编写，每个项目由项目概述、多个任务、项目练习、拓展阅读组成。其中，每个任务都包含任务导入、任务目标、知识准备、任务实施，使读者可直接获取知识和技能，不需要再自行归纳。

3. 以制作产品流程为脉络，设计学习任务

　　本教材按照模型制作流程（3D打印材料选用→模型设计→模型

切片→3D打印设备→模型打印→模型打印后处理→设备维护与故障排除）设计学习任务，在流程中反映任务，在任务中体现流程，使其结构清晰，便于学生学习和理解。

4. 以校企合作组建教材编写团队，校企共同开发教材

在教材的开发过程中，注重与企业的联系，聘请工程技术人员探讨教材编写的内容，并参与教材的开发。教材编写团队由一线骨干教师、企业资深工程技术专家和全国技术能手等组成，技术能力强，经验丰富。

5. 教材内容体现立德树人的理念，实现教育全程育人

在落实课程思政要求方面，本教材落实立德树人根本任务，贯彻《高等学校课程思政建设指导纲要》和党的二十大精神，每个任务都设有拓展阅读，为课堂教学提供主导性思政视角，使学生在学习科学知识的同时，培养求真务实、精益求精、吃苦耐劳的工匠精神，为学生在知识、能力、素质方面的协调发展创造条件，实现知识传授和价值引领相统一。

参加本教材编写的人员主要有刘永利、张奎晓、邱国仙、刘辉林、董云菊、刘志宏、孔庆玲、俞侃、郑进辉、陈剑、林静辉、尹静洁、李登、王跃。其中尹静洁、王跃编写了项目1；董云菊、尹静洁编写了项目2；郑进辉、邱国仙编写了项目3；张奎晓、郑进辉、陈剑编写了项目4；陈剑、张奎晓编写了项目5；林静辉、董云菊、刘志宏编写了项目6；刘永利、刘辉林、李登、孔庆玲编写了项目7；邱国仙、林静辉、俞侃编写了项目8。全书由刘永利统稿和定稿。

清华大学基础训练中心顾问付宏生教授担任本书主审，并对本书的编写提出了宝贵的建议和意见。

由于作者水平有限，书中存在的疏漏及不足之处，恳请广大读者批评指正，提出宝贵意见。

目录

目录

3D打印技术认知

项目 概述

　　自21世纪以来，互联网浪潮席卷全球，信息社会已经深入人类生活的方方面面，这使得传统的生产制造模式已渐渐难以满足社会发展的需要，人们对新工业革命的呼声日益高涨。纵览具有推动新工业革命潜力的各项技术，3D打印技术无疑是最受期待的技术之一。尤其近几年来，各路媒体对3D打印技术神奇应用的蜂拥报道，使得这一之前非常"高冷"的技术，逐渐开始吸引社会各界的目光。3D打印思想起源于19世纪末的美国，学术名称为快速成型技术，也称为增材制造技术，它可以通过3D打印机利用分层制造的技术打印出立体实物。随着3D打印技术的不断突破，3D打印已经成功应用于航天、建筑、医学、文物修复、文化创意等各个领域。

思维 导图

　　本项目的主要学习内容如图1-1所示。

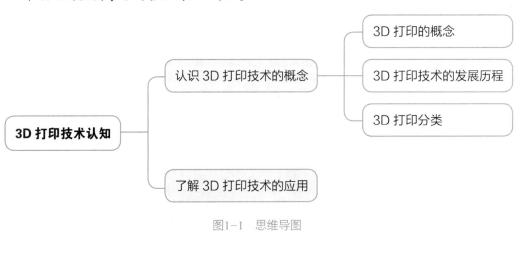

图1-1　思维导图

任务1.1　认识3D打印技术的概念

 任务导入

　　电影《十二生肖》中的一段场景，成龙戴着手套摸了一下兽首铜像，瞬间铜像数据就被远程传输到了电脑里，随即一个一模一样的兽首铜像就被"打印"了出来，这让我们感受到了3D打印的神奇。进入21世纪后，在各国的积极推动下，3D打印行业快速发

展，各个国家的政府、媒体、券商，甚至普通老百姓都开始全面关注3D 打印技术，更有人认为 3D打印是万能的制造技术。那么3D打印到底是什么样的一种制造技术呢？相对于传统制造技术，3D打印技术有哪些优势，又有哪些不足之处？

任务目标

知识目标
（1）掌握3D打印的概念、分类。
（2）了解3D打印的发展历程。

能力目标
（1）能够知道3D打印技术的概念及类型。
（2）能够通过查找资料去了解3D打印技术。

素养目标
（1）培养勇于攀登的科学精神。
（2）培养有理想、肯钻研的时代青年。

知识准备

1.1.1　3D打印的概念

3D 打印（3D Printing）技术属于快速成型技术 (Rapid Prototyping) 的一种，也称为增材制造技术。它是以数字模型文件为基础，运用粉末状金属或塑料等可黏结材料，通过逐层打印的方式来构造物体的技术。3D 打印常在模具制造、工业设计等领域被用于制造模型，后逐渐用于一些产品的直接制造，现已有使用这种技术打印而成的零部件。该技术在珠宝、鞋类、工业设计、建筑、工程和施工（AEC）、汽车，航空航天、医疗、教育、地理信息系统、土木工程、枪支以及其他领域都有所应用。

1.3D与2D打印

通常人们很容易将3D打印技术和传统的平面打印技术联系起来，单从硬件结构上来看3D打印和我们传统打印设备的原理非常相似，但它也有区别。

3D 打印和 2D 打印是两种不同的打印技术，它们的区别主要在于打印出来的物品的维度不同。3D 打印技术是通过对 X、Y、Z 三个轴的运动控制来完成打印材料的投送，最终形成完整的三维立体产品。3D 打印技术可以制造出具有复杂几何形状的物体，例如人体器官、飞机零件、建筑模型等。2D 打印是一种平面打印技术，它将图像或文字打印在纸张、布料等平面介质上。2D 打印的输出是一个平面图像，没有立体感。2D 打印技术通常用于制作海报、传单、名片、书籍等。

因此，3D打印和2D打印的区别在于它们所能打印的物品的维度不同，3D打印可以制造立体物体，而2D打印只能制造平面图像。3D打印立体物体如图1-2所示。

2.3D打印与传统制造技术的区别

传统的制造方法有两种：一是采用车、铣、刨、磨等方法的减材制造；二是采用注塑、锻压等方法的等材制造。3D打印技术属于增材制造，相对于传统制造，有更多优势：

图1-2　3D打印挂画

（1）成本低、效率高。传统制造业采用"全球采购、分工协作"的方式，产品的不同部件在不同的地方生产，然后再运到同一地方进行组装。而3D打印"整体制造、一次成型"，省去了物流环节，节约了成本和时间。

（2）复杂产品加工更加优势。传统制造业中，加工越复杂的部件所需要的时间和成本越高，但是3D打印采用数字化制造，对人工依赖性减弱，加工复杂产品与简单的产品相比难易程度相同，因此成本更低。

（3）3D打印是绿色制造、节约成本。减材制造会产生大量无用的废料，3D打印属于增材制造，很少有废料。

（4）数字化制造，实现个性化定制更加方便。目前，3D打印并不能完全取代传统制造，而是互补协作。在大批量制造等方面，传统制造更胜一筹。不少传统机床制造设备厂商进入到增材制造领域，推出了增减材一体设备，如日本马扎克推出了Integrexi-400am增减材复合加工设备。

1.1.2　3D打印技术的发展历程

任何新技术都不是一蹴而就的，3D打印从诞生到现在，已经跨越了3个世纪，所以称它为"上上个世纪的思想，上个世纪的技术，这个世纪的市场"。

1.产生期

3D打印的概念早在19世纪末就已出现，1892年美国学者Blanther首次在公开场合提出使用层叠成型方法制作地形图的构想。这种堆叠薄层的方式制造三维形状物体的理念，也是3D打印的核心制造思想。Joseph Blanther的分层地形图如图1-3所示。

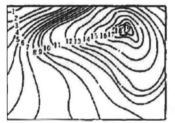

图1-3　Joseph Blanther的分层地形图

最早从事商业性3D打印制造技术的是美国发明家查尔斯·赫尔（Charles W.Hull）。1984年查尔斯发明了立体平版印刷技术SLA（Stereo Lithography Appearance），其原理是用光来催化光敏树脂，然后成型。后人把赫尔称为"3D打印技术之父"，1986年赫尔成立了3D Systems公司，研发了STL文件格式。将CAD模型进行三角化处理，成为CAD/CAM系统接口文件格式的工业标准之一。1988年，公司在成立两年后，推出了世界上第一台基于立体光刻SL技术的3D工业级打印机SLA-250。同年，Scott Crump发明了另一种更廉价的3D打印技术：熔融沉积成型（FDM）技术，并于1989年成立了Stratasys公司。由此3D打印正式出现在大众面前。

1993年麻省理工学院教授Emanual Saches作为主要研发者和其他人共同发明了3DP（Three-Dimensional Printing），即三维印刷技术。此前还没有3D打印这个名称，那时比较为研究领域所接受的名称是"快速成型"。经过多次讨论和探索，结果想到利用当时已经普及的喷墨打印机。他们把打印机墨盒里面的墨水替换成胶水，用喷射出来的胶水来黏结粉末床上的粉末，结果可以打印出一些立体的物品。他们兴奋地将这种打印方法称作3D打印（3D Printing），将他们改装的打印机称作3D打印机。此后，3D打印一词慢慢流行，所有的快速成型技术都统称为3D打印。

2. 发展期

20世纪90年代以后，3D打印技术在这一时期快速发展。1996年，3D Systems公司推出"Actua 2100"快速成型机，Stratasys公司推出"Genisys"。1998年，Optomec公司成功开发激光工程化净成型（LENS）技术。1999年，以色列Objet公司发明了聚合材料喷射（PolyJet）技术，提高了3D打印的成型精度和速度。2001年，Solido开发出第一代桌面级3D打印机。2005年Z Corporation公司推出世界上第一台商用的高精度彩色3D打印机"SpectrumZ510"。2006年，RepRap开放源码项目启动，其目的是开发一种能进行自我复制的3D打印机。促进了3D打印行业普及与发展，成为了大部分3D打印机的基础。2007年，专注3D打印服务的公司Shapeways成立，提供给用户一个个性化产品定制的网络平台，标志着3D打印服务行业的诞生，3D打印技术也由此被越来越多的行业所知所用。

我国的3D立体打印技术研究起步并不算晚，大致在1999年，即美国解密其3D激光打印研发计划之后三年多，中国就开始了相关的研发。大体上讲，中国起步的时间比美国晚了15年，但进步非常显著。"十二五"期间，国内3D打印产业发展格局良好。3D打印技术研发任务主要由清华大学、西安交通大学、华中科技大学等多所知名高校和部分专业研发机构承担，并且形成了产学研一体化的发展格局。

3. 广泛应用期

自21世纪以后，随着3D打印技术的不断发展和成熟，3D打印在各行各业广泛应用。

3D打印行业在国内以飞快速度进入人们的视线，其广泛的应用令人对其未来的市场空间产生无限联想，被誉为是引领"第三次工业革命"的新兴产业。

2010年12月，专注于生物打印的Organovo公司成功利用生物3D打印技术打印了完整的血管，并获取了相关的数据资源。该公司是3D打印在生物医疗应用技术方面的先行者。

2012年3月，奥地利维也纳大学利用双光子光刻（Two-Photon Lithography）制作了一台0.3 mm的赛车模型，突破了当时3D打印的最小极限，赛车模型不论是从外观还是内部细节都能准确地呈现。同年7月，比利时的一家研究机构用3D打印制作了小型赛车，时速达到了140 km/h。

2013年在国内建成并投产运行的苏州中瑞科技，厚积薄发，在众多竞争对手中脱颖而出，攻克了工业级金属3D打印技术的高地，成功制造了中国最大的光固化3D打印机。

2023年5月28日，我国自主研发的国产大型客机C919降落在北京首都机场，顺利完成首次商业载客飞行。C919飞机中应用了大量通过3D打印技术制造的零部件。这些零部件包括机头主风挡窗框、发动机燃油喷嘴、舱门件等，它们通过3D打印技术生产，具有更高的强度和更轻的重量。这不仅提高了飞机的性能和燃油效率，还降低了制造成本。

3D打印技术可以应用在各行各业，不局限于工业制造行业、医疗行业，可以这样说，只要有需要的领域和行业，3D打印技术都可以介入。

1.1.3　3D打印分类

1. 按照 3D 打印的成型工艺分类

按照3D打印的成型工艺不同分为：熔融沉积成型（FDM）、光固化成型、选择性激光烧结（SLS）和选择性激光熔化（SLM）等。

（1）熔融沉积成型（FDM）。熔融沉积成型（fused deposition modeling，FDM）的技术原理是挤出机将耗材送至喷头组件，并在喷头里熔化；然后将熔融状态的耗材经喷嘴挤出，同时喷头根据零件截面轮廓信息，做X-Y平面的运动。挤出的耗材迅速固化，形成一层轮廓。一层成型完成后，平台下降一层高度，再进行下一层打印。如此循环，最终形成三维实体产品。FDM工艺的成型精度相对较低，表面较粗糙，打印速度慢。

（2）光固化成型。光固化成型最早是由查尔斯·赫尔提出，其原理是光敏树脂材料遇到紫外线照射后会产生光化学反应而固化，每固化完一层，平台上升或下降一层高度，层层固化，最终形成三维实体产品。光固化成型常用的紫外线波长是405 nm，常用耗材是光敏树脂。

光固化成型技术有立体光固化技术（SLA）、数字光处理技术（DLP）、选择性区域光固化（LCD）。

（3）选择性激光烧结（SLS）。选择性激光烧结（selected laser sintering，SLS）技术，简称SLS。于1989年由美国人Carl Deckard研制成功。SLS技术采用波长较长（9.2~10.8μm）的CO_2激光器作为热源来烧结粉末材料，打印前，先用氮气将成型室的氧气置换出来，然后给成型室升温，并保持在粉末的熔点以下。打印时，送粉缸上升一层，铺粉滚筒移动并在工作平台上铺一层粉末材料，然后激光按照零件截面轮廓对粉末进行选择性烧结，使粉末融化继而形成一层固体轮廓。一层烧结完后，工作平台下降一层的高度，再铺上一层粉末，进行下一层烧结，依次循环，从而形成所打印的模型。

（4）选择性激光熔化（SLM）。选择性激光熔化（Selective Laser Melting，SLM）的成型原理和SLS类似，主要区别是为了更好的熔化金属，采用金属有较高吸收率的激光束作为光源，通常是波长较短的Nd-YAG激光器（1.064μm）和光纤激光器（1.09μm）。

2.按照打印材料分类

按照3D打印的材料不同分为：塑料材料、陶瓷材料、金属材料和其他材料等。

（1）塑料材料。塑料材料包括ABS、PLA等热塑性材料，他们具有耐热、耐腐蚀、耐冲击等特点。

（2）陶瓷材料。陶瓷材料如氧化铝、氧化锆等，可以在高温下制造出更为坚硬耐用的产品。

（3）金属材料。金属材料如钛合金、不锈钢等，可以用于制造各种高强度耐腐蚀的产品，而且在高温下它们也能保持很好的稳定性。

（4）其他材料。如生物材料、食品材料等，适用于特殊领域的3D打印需求。

3D打印以数字模型文件为基础，运用粉末状金属或塑料等可黏合材料，通过逐层打印的方式来构造出物体。是一种新型的制造和加工工艺。以激光烧结（用激光将粉末压坯烧结成型）为代表的高端3D打印制造设备，是现代智能制造业中最重要、科技含量最高的组成部分之一。

3D打印是增材制造，优点是成本低、效率高，制造复杂产品更加容易，绿色制造、节约成本，通过数字化建模可以实现个性化产品的定制。所以3D打印相比传统制造工艺的一个巨大优势在于：有极大的空间可以定制产品。例如，制造齿轮、轴承、机械抓手的时候，如果使用金属3D打印技术，是可以利用最先进的人工智能技术来优化结构设计的；而如果使用的是传统的模具制造技术，显然无法快速进行设计改进。

3D打印技术虽有很多优点，但也不是没有缺点。如果需求量很大，3D打印技术的制造效率就很低。福特公司发现让每个人都负责打造完整的产品，不如让每个人负责产品的一部分来得效率高，这就是工业流水线发明的起因。目前的3D打印技术几乎是由单台机器来完成所有的产品制造，这就意味着它无法大规模地生产产品。所以从大规模生产的制造效率来说，3D打印比不上传统的流水线工艺。只有在小规模生产的时候，3D打印节约成本、快速制造的优势才能体现出来。

任务1.2　了解3D打印技术的应用

　　小明和妈妈去逛商场，看到在一台机器前面排了很长的队，小明跑去一看，好多叔叔阿姨在机器里买了各种形状漂亮的巧克力。小明问阿姨："这个巧克力为什么这么漂亮呀？"阿姨说："这是巧克力3D打印机，只需要扫描机身的二维码，手机上选择食材、造型（或DIY），支付完成后等待3~5分钟，即可取走食用，你也赶快去试试吧。"

　　在生产生活中，哪些东西是3D打印出来的？

 任务目标

知识目标

（1）掌握3D打印技术应用的领域。

（2）掌握3D打印技术应用的场景。

能力目标

（1）能够说出3D打印技术应用的领域。

（2）能够说出3D打印技术应用的场景。

素质目标

（1）提升对我国3D打印技术发展水平的认可，激发文化自信。

（2）培养崇尚科学的精神。

 知识准备

　　3D打印技术是一种快速、灵活、精确的制造技术，它的应用领域非常广泛，涉及医疗、建筑、文化创意、文物修复、航空航天、食品等领域。

1.制造领域

　　3D打印技术是基于现代科技产生的，在机械制造领域的应用较为广泛，而在实际应用的过程中也具有较为明显的优势。3D打印技术可以制造出各种物品，包括机器零部件、汽车零部件、飞机零部件等，如图1-4所示。

2. 医疗领域

3D打印技术可以制造出各种医疗器械和人体器官模型，用于手术前的模拟和人造假肢等领域。

在生活中因为各种各样的意外事故导致肢体上的残缺，严重地影响患者生活以及工作的正常进行。3D打印假肢，通过3D扫描仪器扫描残缺部位获取到三维数据，并通过测量身高等数据经计算机模拟出实际需要接触位置并建模，再通过3D打印的方式成型，最后经过组装和处理完成整体假肢的制作，如图1-5所示。

图1-4　机械零件是3D打印一大应用领域　　图1-5　3D打印假肢

3. 建筑领域

3D打印技术可以制造出各种建筑模型，包括房屋模型、桥梁模型等，能结合设计师的实际需要，改变原本周期长的手工制模模式，快速的将完成设计的零件进行打印制作、呈现，如图1-6所示。

图1-6　3D打印建筑模型

4. 文化创意领域

个性化的创意制作是现在3D打印用户应用最广的领域之一，对3D打印用户而言：

（1）3D打印可以完成自身想象力直观呈现，快速将创作灵感转化为实际作品，从而满足个人爱好发展；

（2）通过3D打印，可以对自己喜爱又不易获得的动漫原型进行复刻；

（3）将自己喜爱或者有纪念意义的物品、人物造型等通过3D打印的方式进行再复制，来满足个人喜好及心灵寄托，如图1-7所示。

图1-7　3D打印文化创意

5. 文物修复

众所周知，文物的保存以及修复十分困难，尤其是室外的文物经过千百年的风吹日晒，其外表结构已经开始风化。而且随着时间的推移其风化所造成的损害也会越来越严重，若是无法及时修复或者采集其造型数据，可能在未来的某一天它将会损坏殆尽，消失在历史的长河中。通过3D影像技术和3D成型技术，可以让支离破碎的文物起死回生，使其以三维数字模型或者1∶1复制的形式重新出现在人们的视线中。例如：3D打印复制的"四羊方尊"如图1-8所示。除了在形状上的完全复制以外，通过最新的3D扫描方式甚至可以复制其表面的颜色纹理。这样一套文物的3D修复流程对于传统的手工仿制或者修复工作至少可以节约一半以上的时间和成本。

6. 航空航天

2020年5月，长征五号B载人飞船试验船上搭载了一台"3D打印机"，首次在太空中开展连续纤维增强复合材料的3D打印实验，为未来复合材料3D打印的应用奠定了重要的技术基础，想象一下如果我们具备了在空间站打印东西的能力，航天员就可以按需制造各部件，航天器的发射重量也可以大大减轻。太空微重力环境下3D打印陶瓷样件如图1-9所示。

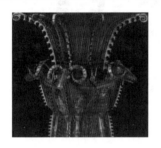

图1-8　3D打印复制的"四羊方尊"　图1-9　太空微重力环境下3D打印陶瓷样件

7. 食品领域

3D打印技术可以制造出各种食品模型，包括巧克力、糖果等，可以用于食品设计和制造。英国埃克塞特大学研究人员自2011年推出世界首台3D巧克力打印机原型机后不断改进，将成熟产品推向市场。巧克力爱好者可以制作专属巧克力，如图1-10所示。

图1-10　3D打印技术制作的巧克力

 任务实施

随着3D打印技术的发展，3D打印产品越来越多地走进人们的生产生活中。3D打印技术可以制造各种机械零件和工业组件，如齿轮、轴承、气缸、泵体等；各种医疗器械和医疗模型，如义肢、心脏支架、牙齿矫正器、人体器官模型等；各种航空航天零部件，

如发动机喷嘴、燃气轮机叶片、涡轮叶片等；各种汽车配件和汽车模型，如轮毂、零部件、车身模型等；各种艺术品和装饰品，如雕塑、壁画、手办等；各种建筑模型，如房屋、桥梁、城市规划等；各种食品和烹饪器具，如巧克力、糖果、面包、餐具等。

随着技术的发展，在3D打印的世界里，只有想不到的没有做不到的。

项目 练习

一、填空题

1._____是平面空间，_____是立体空间。

2.3D打印技术属于_____技术的一种。

二、选择题

1.3D打印的思想最早产生于（　　　）。

    A.19世纪末　　　　　　B.20世纪80年代　　　　C.20世纪90年代　　　　D.21世纪

2.关于3D打印技术的描述，不正确的是（　　　）。

    A.3D打印是一种以数字模型文件为基础，通过逐层打印的方式来构造物体的

    B.3D打印多用于工业领域

    C.起源于上世纪80年代，至今不过三四十年的历史

    D.打印速度十分迅速，成型往往仅需要几秒钟

3.下列哪种产品仅使用3D打印技术无法制作完成？（　　　）

    A.首饰　　　　　　　　B.手机　　　　　　　　C.服装　　　　　　　　D.义齿

4.3D打印特别适合于复杂构造的（　　　）的产品制造。

    A.迅速制造　　　　　　B.个性化定制

    C.高附加值　　　　　　D.迅速制造、个性化定制、高附加值

三、简答题

1.什么是3D打印？相比于传统制造方法，3D打印有哪些优势？

2.简述3D打印技术的应用领域，并举例说明。

拓展阅读

"中国3D打印之父"卢秉恒——从工人到院士

    他是中国工程院院士，西安交通大学教授，也是一位在工厂一线工作过十余载的熟练工。他是卢秉恒，我国增材制造技术的奠基人，中国3D打印之父。

人生第一次被提拔

    "我想考北大，想搞航天。"受钱学森等老一辈科学家的影响，卢秉恒从小有个航天梦，作为当时的"学霸"，他一心想考进北京大学学习固体力学，为

我国航空航天事业贡献一份力量。可由于家庭出身等原因，最终失之交臂，卢秉恒去了其他大学学习机械制造专业。

大学毕业后的卢秉恒被分配到一间工厂做车床工人，这一干就是五年，后来，他迎来了人生第一次被提拔。"厂子说提拔你，先当技术员吧，请你到家属工厂主管那里的技术。""那里有一百多个家属工，其中三分之一都不识字，但是我学习的东西在这里逐渐得到了应用，我学习制造工艺，设计了卡具，包括开动机床都可以教他们，最后形成很好的效益。"

"我这一生都受益于在工厂工作的十一年，没有白过。"年过七旬的卢秉恒回忆起当年工厂生涯时，动情地说。

改革开放之初，卢秉恒已是两个孩子的父亲，他顶着生活的压力，考取了西安交通大学研究生，师从顾崇衔教授，直到博士毕业。人生新篇章就此打开。

这些活他都自己做

"我今天回顾一下，幸亏是学机械制造的。"卢秉恒说，在工厂的经历，使他具备了实践的意识与能力。他举例，在完成他的硕士论文时，需要制作二百多个零件，最初联系的工厂一个多月都没有音讯，他便决定自己上手，只用了两个夜班时间，又快又好地做出了所需零件，顺利完成了论文。

博士毕业后，卢秉恒作为访问学者前往国外交流学习，在参观一家汽车企业的时候，一台设备引起了他的注意。"那是一台3D打印设备，只需要将CAD（计算机辅助设计）模型输进去就可以把原型做出来，这在中国没见到，我感到很新奇。"卢秉恒当即决定将自己的研究方向转向这个新兴领域，他认为这是发展我国制造业的一个好契机。

回国后，起初卢秉恒想引进这种机器，然而价格昂贵，光是一个激光器就需要十几万美元。由于资金紧缺，他不得不打消这个念头。面对"技术＋资金"的双壁垒，卢秉恒决心靠自己的力量"破壁"，从头开始研发这项技术。

起初不知道技术的工作原理，他就自己一步一步通过实践探索出来；买不起昂贵的零件和原材料，就联合其他科技工作者自己花小成本制作出来。终于，在他和团队的共同努力下，不仅制造出来了原型机，还获得了科技部的资助，自此卢秉恒顺利开展了增材制造技术的探索，并且让这项技术在中国的土地上"生根发芽"。

"西迁精神"不能丢

西迁精神是在1956年交通大学为响应支援大西北，由上海迁往西安的过程中，生发出来的一种宝贵的精神财富，其实质是"胸怀大局，无私奉献，弘扬传统，艰苦创业"。

"西迁精神一直在鼓励着我！"卢院士在节日中强调，他从导师顾崇衔身

上清晰地感受到了西迁精神的伟大。顾教授是当年西迁的老教授之一，将自己的全部都奉献给了三秦大地。

"他知道此时国家正在发展工业，这里需要他，于是他带着全家老小搬到了西安。"卢秉恒表示，初到西安时，顾教授感到这里远不如上海，但是看见了许多在建的工厂，让他受到了触动，认为西安才是他该来的地方，帮助这些工厂建设，才是他要做的事。

卢秉恒一直强调的创新与实践，也来自于顾教授的深远影响。据卢秉恒介绍，为搜集机械加工的案例，顾教授带领助教走访一二十个工厂，用实际案例编写教材，证明了其中的理论，最终，这套教材被全国一百多所院校采用。

"如今，我两个梦都实现了，我研究的 3D 打印技术为我国航空航天事业做出了贡献，而我本人也被北京大学聘为了兼职教授。"站在舞台之上的卢秉恒不无自豪地说。他勉励莘莘学子牢记西迁精神，脚踏实地解决国家亟需解决的工程问题，在工作当中发光发热，实现自己的价值。

（来源：人民网）

3D打印成型原理与工艺认知

项目 概述

　　两千多年前，我国伟大的哲学家、思想家老子的"合抱之木，生于毫末；九层之台，起于垒土；千里之行，始于足下"的诗句用来描述3D打印的原理和过程就很合适：即从细微特征开始，通过不断累积的方式制造出三维物体。3D打印技术是一种基于离散和堆积原理的崭新快速制造技术。他将零件的三维CAD模型按一定方式离散，将其转变成为可加工的离散面、离散线和离散点，然后采用多种物理或化学方式，将这些离散面、线段和点进行逐层堆积，最终形成零件的实体模型。它与从毛坯上去除多余材料的切削加工方法完全不同，也与借助模具锻造、冲压、铸造和注塑等成型技术有异，是一种自由成型之逐层快速制造技术。

思维 导图

　　本项目的主要学习内容如图2-1所示。

图2-1　思维导图

任务2.1　3D打印成型原理分析

小王同学的手机支架坏了，需要快速制作出一个手机支架，请帮他梳理一下制作手机支架的基本流程？

知识目标

（1）理解3D打印的基本原理。

（2）了解3D打印机的类型。

（3）掌握3D打印的工艺过程。

（4）掌握3D打印的基本流程。

能力目标

（1）具备正确导出STL格式的能力。

（2）具备熟知3D打印基本流程的能力。

素质目标

（1）培养严谨的科学态度。

（2）具备创新意识。

2.1.1　3D打印基本原理

3D打印的基本原理如图2-2所示，首先设计出所需产品或零件的计算机三维数据模型；然后根据3D打印技术的工艺要求，按照一定的方式将该模型离散为一系列有序的二维单元，通常在 Z 向将其按一定厚度进行离散（也称为分层），即将原来的三维CAD 模型变成一系列的二维层片；再根据每个层片的轮廓信息，输入加工参数，自动生成数控代码；由成型系统将一系列二维层片自动成型的同时进行相互黏结，最终得到所需的三维物理实体模型或功能制件。

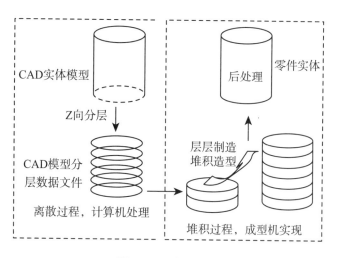

图2-2　3D打印原理

2.1.2　3D打印机

　　3D打印机是一种通过叠层累积制造产品的机器，是3D打印制作原型的设备，又称三维打印机。它以三维数字模型文件为基础，运用粉末状、光敏树脂或丝材等可黏合材料，按照设定的层厚对三维数据进行切片处理，从而形成一系列二维轮廓图层，机器在计算机的控制下，将材料按照二维轮廓图层的要求逐层打印并黏结起来制造三维物体。因此，3D打印的原理也被称为"离散－堆积"原理，即数据的离散和材料的堆积。3D打印机通常可分为桌面级3D打印机和工业级3D打印机，如图2-3和2-4所示。

图2-3　桌面级3D打印机　　　　　图2-4　工业级3D打印机

　　3D打印机与传统打印机（如图2-5）相比，它们都是二维平面两个方向打印，但是3D打印机增加了另一个方向的累积过程，其打印原型的一般流程如图2-6所示。

图2-5　3D打印机与传统打印机

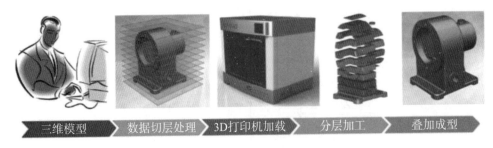

图2-6 3D打印原型的一般流程

2.1.3 3D打印工艺过程

目前3D打印的工艺原理大致相似，一般工艺过程基本包含以下几个方面。

1. 三维数字模型构建

可以利用CAD软件直接进行三维数据模型的构建，也可以将已有的二维图形转换成3D模型；或利用逆向工程原理，对产品实体进行三维反求，得到三维的点云数据，然后借助相关软件对其进行修改及再设计，构造出所需的3D模型。

2. 三角网格的近似处理

构成产品的表面往往有一些不规则的自由曲面，加工前要对模型进行近似处理，将3D数据转换为快速成型技术接受的数据，即三角网格面片资料。

3. 三维模型切片处理

根据需要选择合适的加工方向，在成型高度方向上用一系列一定间隔平面切割近似处理后的三角网格模型，提取出一系列二维截面轮廓信息。

目前，3D打印能接受以下几种中间数据格式：IGES、SETP、DXF、STL、SLC、CLI等，其中STL文件格式几乎被大多数快速成型系统所接受，因此被认为是快速成型数据的准标准。表2-1介绍几种常用CAD软件STL文件的导出方法。

表2-1 STL文件的导出方法

类别	导出方式
AutoCAD	输出模型必须为三维实体，且 X、Y、Z 坐标都为正值。在命令行输入命令"Faceters"，设定 FACETERS 为 1~10 之间的一个值（1 为低精度，10 为高精度）。在命令行输入命令"STLOUT"→ 选择实体→ 选择"Y"，输出二进制文件
ProE	① Flie → Export → Model ②或选择 Flie → Save a Copy，选择 *.STL ③设定弦高为 0，然后该值会被系统自动设定为可接受的最小值 ④设定 Angle Control（角度控制）为 1

续表

类别	导出方式
SolidEdge	① Flie → Save AS。选择文件类型为 STL ② Options ③设定 Conversion Tolerance（转换误差）为 0.00 mm 或 0.0254 mm ④设定 Surface Plance Angle（平面角度）为 45.00
SolidWorks	① Flie → Save AS，选择文件类型为 STL ② Options → Resolution（品质 → Fine）
Unigraphics	① Flie → Exprot → Rapid Prototyping，设定类型为 Binary（二进制） ② 设定 Triangle Tolerance（三角误差）为 0.0025 ③设定 Adjacency Tolerance（邻接误差）为 0.12 ④设定 Auto Normal Gen（自动反向生成）为 ON（开启） ⑤设定 Normal Display（反向显示）为 OFF（关闭） ⑥设定 Triangle Display（三角显示）为 ON（开启）

4. 3D打印产品原型

根据二维切片轮廓信息，3D打印机的成型头按照各截面轮廓信息做二维扫描运动，同时工作台做纵向移动，从而在工作台上一层层堆积材料，然后将各层黏结，最终得到产品原型。

5. 3D打印后处理

对成型件进行打磨、抛光、涂挂等后处理，或放在高温炉中进行后烧结，进一步提高其强度。

2.1.4　3D打印基本流程

3D打印工作过程是依据计算机设计的三维模型（设计软件可以是常用的 CAD 软件，例如 SolidWorks、Pro/E、UG、中望 3D 等，也可以是通过逆向工程获得的计算机模型），将复杂的三维实体模型"切"成设定厚度的一系列片层，从而变为简单的二维图形，逐层加工，层叠增长，如图 2-7 所示。3D打印技术基本流程如图 2-8 所示。

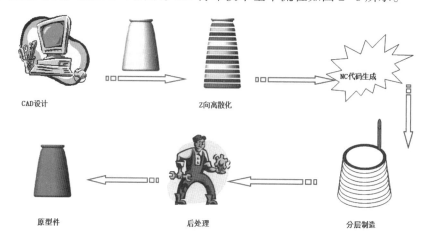

图2-7　3D打印制作原型工作过程

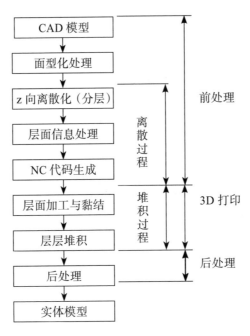

图2-8　3D打印技术的基本流程

▶ 任务实施//

　　小王同学快速制作一个手机支架，可选择3D打印技术快速成型，该技术不需要传统的机械加工、夹具和模具，能够快速制造出各种形状复杂的原型或零件，其设计制造一体化，具有高度的柔性和适应性，从零件设计到零件制造完毕，只需要几十分钟至几个小时。可以使生产周期大大缩短，生产成本大幅度降低，是一种非常有前景的新型快速制造技术。小王选择3D打印技术制作手机支架不仅快速，而且可以实现个性化定制，其制作的基本流程如图2-9所示。

图2-9　手机支架3D打印流程图

任务2.2　3D打印成型工艺分析

任务导入

小王同学已经梳理好了3D打印手机支架的基本流程，请问他选择哪一种3D 打印技术打印手机支架更合适呢？

任务目标

知识目标

（1）掌握3D打印典型工艺的成型原理。

（2）掌握3D打印典型工艺的工艺过程。

（3）了解3D打印典型工艺的工艺特点。

能力目标

（1）熟知典型的3D打印技术。

（2）能够正确选择3D打印技术。

素质目标

（1）培养创新思维能力。

（2）培养科学归纳能力。

（3）培养积极进取的人生态度。

知识准备

3D 打印技术是集 CAD 技术、数控技术、材料科学、机械工程、电子技术和激光等技术于一体的综合技术，是实现零件或产品设计从二维到三维实体快速制造的一体化系统技术。3D 打印技术有多种快速成型的工艺方法，目前较为成熟并广泛采用的有立体光固化成型技术、选择性激光烧结成型技术、熔融沉积成型技术、三维打印成型技术、选择性激光熔化成型技术等。

2.2.1 立体光固化成型（SLA）

1. 成型原理

立体光固化成型（Stereo Lithography Apparatus，SLA/SL），主要是使用光敏树脂作为原材料，利用液态光敏树脂在一定波长的紫外线照射下会快速固化的特性，通过扫描振镜使紫外线由点到线、由线到面的顺序凝固光敏树脂，从而完成一个层面的固化工作，层层叠加，最后完成一个三维实体的打印工作，如图2-10所示。

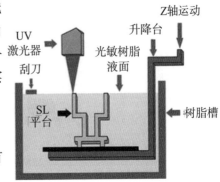

图2-10　SLA成型原理

2. 成型过程

工作时，在液槽中盛满液态光固化聚合物，带有很多小孔洞的可升降工作台在步进电动机的驱动下，沿Z轴方向做往复运动。激光器为紫外激光器，扫描系统由一组定位器组成，他能依据计算机控制系统发出的指令，按照每一层截面的轮廓信息做高速往复运动，使得激光器发出的激光束反射后聚焦在液槽里液态聚合物的表面上，同时沿此面做$X-Y$平面的扫描运动。当一层液态光固化聚合物受到紫外激光束照射时，其就会快速地固化且形成相应的一层固态的截面轮廓。当一层固化完毕后，工作台就会下移事先设定好的一个层厚的距离，然后在原固化好的表面再铺覆上一层新的液态树脂，用刮刀将树脂液面刮平，再进行下一层轮廓的扫描加工。此时新固化的一层牢固的黏结在前一层的表面上，如此循环，直至整个零件加工制造完毕，就得到一个三维实体产品或模型，如图2-11所示。

图2-11　SLA成型展件

3. 工艺特点

（1）优点。

①光固化成型法是最早出现的快速原型制造工艺，成熟度高，经过时间的检验。

②由CAD数字模型直接制成原型，加工速度快，产品生产周期短，无需切削工具与模具。

③可以加工结构、外形复杂或使用传统手段难以成型的原型和模具。

④使CAD数字模型直观化，降低错误修复的成本。

⑤为实验提供试样，可以对计算机仿真计算的结果进行验证与校核。

⑥可联机操作、远程控制，利于生产的自动化。

⑦表面质量较好。

⑧成型精度较高，精确度达到了25μm。

⑨系统分辨率较高。

（2）缺点。

①SLA系统造价高昂，使用和维护成本过高。

②SLA系统是对液体进行操作的精密设备，对工作环境要求苛刻。

③成型件多为树脂类，强度、刚度、耐热性有限，不利于长时间保存。

④预处理软件和驱动软件运算量大，与加工效果关联性较高。

2.2.2 选择性激光烧结成型（SLS）

1. 成型原理

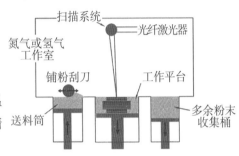

图2-12 SLS成型原理

选择性激光烧结成型（selective laser sintering, SLS）技术主要是利用粉末材料在激光照射下高温烧结的基本原理，通过计算机控制光斑移动实现精确定位，然后逐层烧结堆积成型，如图2-12所示。

2. 成型过程

选择性激光烧结的成型过程是采用激光器对粉末状材料（如塑料粉、金属与黏结剂的混合物、陶瓷与黏结剂的混合物、树脂砂与黏结剂的混合物等）进行烧结和固化。与SLA工艺所使用的激光器不同，SLS是利用红外激光烧结粉末的。其工作过程是：首先在工作台上用刮板或辊筒铺覆上一层粉末状材料，再将其加热至略低于其熔化温度，然后在计算机控制下，激光束按照事先设定好的分层截面轮廓，对原型制件的实心部分进行粉末扫描，并使粉末的温度上升至熔化点，致使激光束扫描到粉末熔化，粉末间相互黏结，从而得到一层截面轮廓。位于非烧结区的粉末则仍呈松散状，可作为工件和下一层粉末的支撑部分。当一层截面轮廓成型完成后，工作台就会下降一个截面层的高度，然后再进行下一层的铺料和烧结动作。如此循环往复，最终形成三维产品或模型，如图2-13所示。

图2-13 SLS成型展件

3. 工艺特点

（1）优点。

①能生产较硬的模具。

②耗材来源广泛，包括类热塑性塑料、蜡、热熔性金属、覆膜砂、陶瓷等。

③SLS并未完全熔化粉末，仅是将其烧结在一起，制造速度较快。

④无需设计和构造支撑。

（2）缺点。

①有激光损耗，需要专业实验室环境，使用及维护费用较高。

②烧结过程中存在半熔合未熔的粉末，导致制件孔隙度高，力学性能差，特别是延伸率低，打印完成后需要热固化、热等压或侵入黏合剂等处理。

③成型表面受粉末颗粒大小及激光光斑的限制。

④加工室需要不断充氮气防止制件氧化，加工成本高。

⑤成型过程产生有毒气体和粉尘，污染环境。

2.2.3　熔融沉积成型（FDM）

1. 成型原理

熔融沉积成型（fused deposition modeling，FDM）是目前应用最广泛的技术，该技术不涉及激光、高温、高压等危险环节，是成本较低的3D打印技术。FDM技术的原理是将丝状的热塑性塑料通过加热棒加热到熔融状态并从打印头底部带有小孔（直径一般为0.4 mm）的喷嘴中挤出，而打印头在计算机控制下根据3D模型的分层数据移动，将熔融状态的材料按照自动生成的路径挤出并黏结在工作台上，后续熔融状态的材料被挤出后沉积在前一层已经冷却固化的材料上，这样通过材料按照分层数据逐层堆积形成最终制件，如图2-14所示。

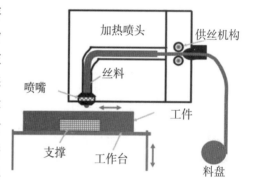

图2-14　FDM成型原理

2. 成型过程

FDM技术用材料一般为热塑性塑料，如ABS、蜡、PC、尼龙等都以丝状供料。丝状的成型材料和支撑材料都由供丝机构送至各自相对应的喷丝头，然后在喷丝头中被加热至熔融状态；此时，加热喷头在计算机的控制下，按照事先设定的截面轮廓信息做X-Y平面运动；与此同时，经喷头挤出的熔体均匀地铺撒在每一层的截面上。此时，喷头喷出的熔体迅速固化，并与上一层截面相黏结。每一个层片都是在上一层上进行堆积而成，同时上一层对当前层又起到定位和支撑的作用。随着层的高度增加，层片轮廓面积和形状都会发生一些变化，当形状有较大的变化时，上层轮廓就不能给当前层提供足够的定位与支撑作用，这就需要设计一些辅助结构（即"支撑"结构），这些支撑结构能对后续层提供必要定位和支撑，保证成型过程的顺利实现。这样成型材料和支撑材料就被有选择性地铺覆在工作台上，快速冷却后就形成一层层截面轮廓。当一层成型完成后，工作台就会下降事先设定好的一层截面层的高度，然后喷头再进行下一层的铺覆，如此循环，最终形成三维实体产品或模型，如图2-15所示。

图2-15 FDM成型展件

3. 工艺特点

（1）优点。

①成本低。FDM 的工艺设备中，不需要激光器、扫描振镜等昂贵部件，所以其成本很低。

②采用水溶性支撑材料，使得去除支撑结构简单易行，可快速构建复杂的内腔、中空零件以及一次成型的装配结构件。

③原材料以卷轴丝的形式提供，易于搬运和快速更换。

④可选用多种材料，如各种色彩的工程塑料ABS、PC、PPS 以及医用ABS等。

⑤原材料在成型过程中无化学变化，制件的翘曲变形小。

⑥用蜡成型的原型零件，可以直接用于熔模铸造。

⑦FDM系统无毒性且不产生异味、粉尘、噪声等污染。

⑧材料强度、韧性优良,可以进行装配功能测试。

（2）缺点。

①原型的表面有较明显的条纹，制作的物品普遍存在"台阶效应"。

②与截面垂直的方向强度小。

③需要设计和制作支撑结构。

④成型速度相对较慢,不适合构建大型零件。

⑤喷头容易发生堵塞,不便维护。

2.2.4 三维打印成型（3DP）

1. 成型原理

三维打印成型（three-dimensional printing，3DP），又称为喷墨黏粉技术、黏合剂喷射成型技术等。3DP技术与SLS类似，采用粉末材料（如陶瓷、金属、石膏、塑料等）进行成型加工，所不同的是3DP工艺用粉末不是通过烧结连接起来的，而是通过喷头喷出黏结剂，将零件的轮廓截面印刷在材料粉末上面并黏结成型的，如图2-16所示。

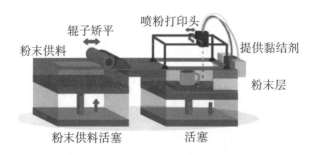

图2-16 3DP成型原理

其原理与喷墨打印机的原理近似，首先在工作仓中均匀地铺粉，再用喷头按指定路径将液态的黏结剂喷涂在粉层上的指定区域，待黏结剂固化后，除去多余的粉尘材料，即可得到所需的产品原型。如果在黏合粉末材料的同时，加上有颜色的颜料，就可以打印出彩色的产品，3DP技术是目前比较成熟的彩色3D打印技术，其他技术一般难以做到全彩色打印。此技术也可以直接逐层喷涂陶瓷或其他材料的粉浆，固化后得到所需的产品原型，如图2-17所示。

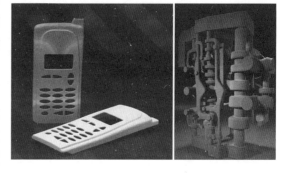

图2-17 3DP成型展件

2. 成型过程

3DP工艺设备在打印工艺系统的控制下，铺粉装置需先在打印平台上均匀地铺上一定厚度的粉末，待粉末的远端边缘填充完整且平整后，喷墨打印头便在电动机和同步带的驱动下，按照模型切片得到的截面数据打印，并有选择地进行黏合剂和彩色墨水的组合喷射，最终构成平面图案，这一过程与普通喷墨打印机的打印过程完全一致。在完成单个截面图案之后，工作台下降一个分层厚度的距离，同时铺粉装置进行一层铺粉操作，接着喷墨打印头再次进行下一个截面的打印。如此周而复始地送粉、铺粉和喷射黏合剂，最终完成三维成型件，如图2-18所示。

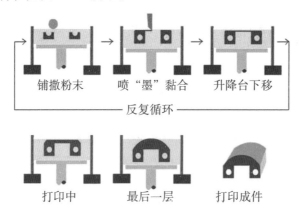

图2-18 3DP成型过程

3. 工艺特点

（1）优点。

①可使用多种粉末材料，也可采用各种色彩的黏合剂，可以制作彩色原型，是该工艺最具竞争力的特点之一。

②3DP的打印头可以进行阵列式(2D array)扫描而非激光点扫描，因此打印速度快，能够实现大尺寸零件的打印。

③没有激光器等昂贵部件，设备价格一般较低。

④成型过程不单独设计与制作支撑，多余粉末的支撑去除方便。

（2）缺点。

①成品表面不如SLA光洁，精细度也有劣势。

②3DP技术打印出的工件为粉末黏结而成，黏合剂的黏结能力有限，经常需要保温固化和喷涂增强剂等后处理，而且相比之前的3D打印工艺，其强度比较低。

③该技术的打印头在喷射彩色墨水和黏合剂后，容易在层与层之间出现墨水混合的现象，导致打印的轮廓不清晰。

④应用3DP技术制作金属制件时需要经历繁琐的后处理过程，比如烧结，因此与很多金属直接制造型技术相比可能没有优势。

2.2.5 选择性激光熔化成型（SLM）

选择性激光熔化成型（stereo laser melting，SLM），是金属3D打印领域最重要的技术，其采用精细聚焦光斑快速熔化300～500目的预制粉末材料，几乎可以直接获得任意形状以及具有完全冶金结合的功能零件。选择性激光熔化致密度可达到近乎100%，尺寸精度达20～50 μm，表面粗糙度值达20~30μm，是一种极具发展前景的快速成型技术，而且其应用范围已拓展到航空航天、医疗、汽车、模具等领域。

1. 成型原理

SLM技术的工作原理与SLS相似，如图2-19所示。SLM是将激光的能量转化为热能使金属粉末成型，它们的主要区别在于，SLS在制造过程中，金属粉末并未完全熔化，而SLM在制造过程中，金属粉末加热到完全熔化后熔接成型。

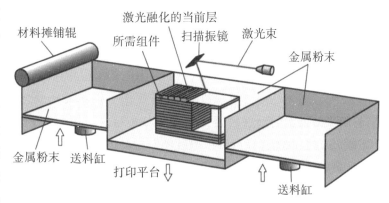

图2-19　SLM成型原理

2. 成型过程

SLM工作流程为，打印机控制激光在铺设好的粉末上方选择性地对粉末进行扫描熔化，按照分层数据完成一层的扫描熔化后，成型槽工作台下降一个层厚的距离，送料槽底板上升一个层厚，铺粉装置将突出的金属粉末铺撒在已熔化成型的当前层之上，设备按照第二层的数据进行激光熔化，与前一层成型截面黏结，如此逐层循环直至整个物体成型。需要注意的是，SLM的整个加工过程都是在惰性气体保护的加工室中进行的，以避免金属在高温下氧化。

3. 工艺特点

（1）优点。

①由于激光直接将金属粉末熔化后黏结，所以SLM成型的金属零件致密度高，可达90%以上。

②采用该工艺打印的制件抗拉强度等力学性能指标优于铸件，甚至可达到锻件水平。

③金属粉末在打印过程中完全熔化，不存在后处理变形问题，因此尺寸精度较高。

④与传统金属建材制造相比，可节约大量材料，尤其是较难加工的金属材料如钛合金等，这一优势更加明显。

（2）缺点。

①SLM工艺的缺点是成型速度较慢，为了提高加工精度，需要用更薄的加工层厚，加工小体积零件所用时间也较长，因此难以应用于大规模制造。

②制件的表面粗糙度和精度有待提高，制件完成后仍需要切割取件和喷砂表面处理。

③整套设备昂贵，熔化金属粉末需要更大功率的激光器和配套冷却装置，能耗较高。

④金属瞬间熔化与凝固(冷却速率约10000 K/s)，温度梯度很大，产生极大的残余应力，如果基板刚性不足则会导致基板变形，因此基板必须有足够的刚性抵抗残余应力的影响。去应力退火能消除大部分的残余应力。

▶ 任务实施

结合手机支架的功能和要求，其制作要求能实现手机支架的功能，外形美观、价格低廉。综合以上学习的几种典型3D打印技术的工艺特点，选择FDM技术制作手机支架比较合适。首先，FDM技术的原材料是热塑性塑料（ABS、FLA、TPU、PEEk等），本案例选择可降解PLA环保材料，且该材料有多重颜色可供选择。其次，FDM技术设备成本低，不需要激光器、扫描振镜等昂贵部件，其制造成本低。最后，FDM工艺原理也比较简单，可实现快速便捷制造，一般2~3h便可设计打印出一个独一无二的手机支架，如图2-20所示。

图2-20　3D打印手机支架

项目 练习

一、填空题

1. 3D打印技术，与传统制造方法不同，其加工过程基于"＿＿＿＿＿＿＿＿"思想，即＿＿＿＿＿＿＿＿的离散和＿＿＿＿＿＿＿＿堆积。

2. 3D打印技术包括＿＿＿＿＿＿＿＿、3D打印过程和3D打印后处理。

3. 3D打印从制造规划分，属于＿＿＿＿＿＿＿＿，并列的制造工艺，还有减材制造和等材制造。

4. SLS是指＿＿＿＿＿＿＿＿技术。

5. SLM是指＿＿＿＿＿＿＿＿技术。

6. SLA是指＿＿＿＿＿＿＿＿技术。

7. FDM是指＿＿＿＿＿＿＿＿技术。

8. 3DP是指＿＿＿＿＿＿＿＿技术。

二、选择题

1. STL文件采用一系列（　　　）平面来逼近原来的模型。

   A.小三角形　　　　B.小四边形　　　　　　C.空间三角形　　　　D.空间四边形

2. 逆向设计通常会用到（　　　），它被用来探测搜集现实环境里物体的形状（几何构造）和外观（颜色、表面反照率等）信息，获得的数据通过三维重建，在虚拟环境中创建实际物体的数字模型。

   A.数控机床　　　B.三维扫描仪　　　　C. 3D打印设备　　　D.建模软件

3. 3D打印这种一层一层堆积起来做"加法"的工艺（增材成型）具有如下优点:（　　　）刀具、模具，所需工装，夹具大幅度（　　　），生产周期大幅度（　　　）。

   A.不需要、减少型缩短　　　　　　　　B.不需要、增加、缩短

   C.需要、减少、延长　　　　　　　　　D.需要、增加、缩短

4. 3D打印前处理不包括（　　　）。

   A.构造3D模型　　B.模型近似处理　　　C.切片处理　　　　D.画面渲染

5. 3D模型设计的主流软件不包括（　　　）。

   A.UG　　　　　B.犀牛　　　　　C. Solid Works　　　D. ANSYS

6. SLA工艺的加工材料为（　　　）。

   A.金属粉末　　　B.光敏树脂　　　　C.陶瓷粉末　　　　D.PLA

7. 下列技术工艺中，不属于3D打印技术工艺的是（　　　）

   A.SLM　　　　　B.CNC　　　　　C.FDM　　　　　D.3DP

8. 熔融沉积技术存在哪个危险环节？（　　　）

   A.高温　　　　　B.激光　　　　　C.高压　　　　　D.高加工速度

9. 3D打印的主流技术包括SLA、FDM、SLS、3DP、SLM等，比如（　　　）是把塑

料熔化成半融状态拉成丝，用线来构建面，一层一层堆起来。

    A. SLA   B. FDM   C. SLS   D. 3DP

10. 3D打印的主流技术包括SLA、FDM、SLS、3DP、SLM等，（   ）是把本来液态的光敏树脂，用紫外激光照射，照到哪儿，哪儿就从液态变成了固态。

    A. SLA   B. FDM   C. SLS   D. SLM

三、简答题

1. 简述3D打印技术的基本原理。

2. 3D打印技术工艺过程包括哪些步骤？

3. 简述SLS技术与SLM技术的主要区别。

4. 简述3DP技术与SLS技术的主要区别。

拓展阅读

3D打印——高端制造的利器

    3D打印是制造业热门技术，应用范围极广。它既可以打印塑料、陶瓷等非金属材料，也可以打印钢铁、铝合金、钛合金、高温合金等金属材料，以及复合材料、生物材料甚至是生命材料，成型尺寸从微纳米元器件到10米以上大型航空结构件，为现代制造业发展及传统制造业升级转型提供了巨大契机。

    相较传统制造方法，3D打印在理念上大为不同。我们经常使用的产品都是三维的，传统制造方法是模具成型或者切削加工，也被称作是等材制造及减材制造。等材制造就是人们熟知的铸锻焊，已经有数千年历史。无论是四川的三星堆，还是陕西的兵马俑，都能看到用等材制造方法制成的精美铜器。电动机问世后，以其为动力，可以对材料进行切削加工。因为在车铣刨磨的加工过程中材料逐渐被切掉，所以被称为减材制造。与上述两种传统制造方法相比，我们俗称的3D打印技术是20世纪80年代发明的新制造方法，类似燕子衔泥造窝，材料一点一点累加，造出三维物体来，因此又称增材制造。虽然从理念上说，燕子衔泥、万里长城都可以视作增材制造，但是只有在计算机控制下，把需要的材料按照设计累加到需要的地方，实现控形控性，才是真正的增材制造。

    经过多年研究与发展，人们发明了光固化、粉末烧结、丝材累加等3D打印技术。这3种技术分别利用激光扫描液态光敏树脂表面，使之固化，或者高能束扫描材料粉末，使之烧结，或者采用热/电弧/高能束熔融丝材按照图形剖面铺设等方法，在剖面上一层层累加，制成三维实体零件。信息技术日新月异，3D打印技术在计算机控制下，可以打印出多种材料、任意形状，因此在工业及日常生活中，正带来许多重大变化。

　　不同的制造技术有不同的技术特点。比如等材制造的铸锻焊过程，需要模具、砂型，如果我们只做一件样品，成本上就划不来，它更适合于批量制造。当然，也可以用减材制造进行切削加工，但加工过程会造成材料浪费。比如航空航天制造中，为实现轻量化，一些零件很大却很轻，形状复杂，要把材料尽可能地分布在边沿，这就需要切掉很多材料。对一些像铝合金、钛合金这样贵重的金属来说，付出的成本高昂。3D打印技术摆脱了模具、工装夹具等生产准备工作，在新产品开发、首件制造等方面，极大缩短了周期，降低了成本。而且通过计算机控制，完全实现数字化，哪里需要材料，就可以把材料堆积到哪里，做到节材制造。

　　目前，我国不少企业的制造能力强，但产品开发能力相对不足，制约了制造业向价值链顶端的发展。3D打印可以帮助我们补齐这一短板，缩短设计迭代、样机制作、评价、分析、改进、量产等流程。如在航空航天等高端装备的快速开发和迭代升级方面，3D打印已成为新产品开发的有力工具。

　　3D打印还为创新设计拓展出巨大空间。过去设计师虽然有很好的构想，但由于模具制造的复杂性、切削加工空间的可达性，不能按照原构想来设计，只能把大的零件拆成几十、上百个小零件，设计与制造的成本随之增加。对于传统制造难以实现的零件形状或结构，3D打印可以胜任，通过结构一体化制造，实现最优设计构想。这就为设计创新、产品创新、装备创新提供巨大空间，由此为制造业带来不可估量的效益。比如，一家生产飞机发动机的大型公司，原来在制造发动机燃油喷嘴过程中，由于制造技术的局限，需要把喷嘴分成20多个零件去制造。这20多个零件中的每一个都要达到微米级，装配在一起时需要焊接，然而一焊接，就达不到微米级的精度了。结果，燃油喷嘴的制造缺乏一致性，燃油效率很难优化。而现在，可以把20多个零件一体化地3D打印出来，化繁为简，提高了零件的燃油效率，大大增强产品竞争力。

　　除了擅长复杂零件的设计制造，3D打印还可以在个性化制造上大显身手。伴随信息化进程，个性化制造在越来越多的领域替代流水线式大批量制造。家电、可穿戴电子设备乃至汽车等消费品越来越呈现个性化趋势，而3D打印尤为擅长个性化制造。比如为运动员3D打印一双最适合其脚型的鞋子，将有助于改善穿着体验，提高运动成绩。在精准医疗领域，如骨科手术辅具、牙科正畸、手术模型等方面，能够越来越多地看到3D打印的应用。3D打印医疗器械新产品层出不穷，已从最初用于制造生物假体，扩展至细胞、组织和器官打印研究，未来或将用于人体器官再创，为人类带来福祉。

　　全球增材制造产业链正在不断扩展。航空航天、航海、能源动力、汽车和轨道交通、电子工业、模具制造、医疗健康、数字创意、建筑等领域的企业和服务厂商不断涌入增材制造产业。汽车行业超越航空航天、医疗等领域，成为3D打印技术的第一大应用行业，包括原型设计、模具制造和批量化3D打印零件等。

3D打印在前沿科学研究方面，也发挥着越来越重要的作用。3D打印技术能在可控条件下，快速将不同材料混合在一起，打印试件或零件，因此可以按照材料基因组方法，实验与发明新合金、新复合材料，为工业应用快速开发出更多更好的新材料，满足高端装备、新产品的多方面需求。近年来，功能梯度材料越来越受到重视。用多种不同材料打印零件，将材料分层，不同材料打印在不同层，零件就可以实现表面是耐磨、耐腐蚀的，里面是高强度、韧性好的，再里面就像人体的骨头一样，是疏松的蜂窝状结构。如此一来，产品在增强刚性的同时减轻了重量。

当前，人们正致力于增材制造技术开发与产业化。3D打印已经应用于我国航空航天开发和小批量制造、汽车快速开发及轻量化、精准医疗、文化创意等领域。在材料制备、3D打印主流工艺与装备、关键零部件、控制软件及各领域工程应用等方面，初步形成创新链与产业链。去年，我国增材制造产业规模增速高于全球同期增速。我国已将3D打印应用于飞机起落架这类高负荷承力件；中国首枚火星探测器"天问一号"的运载火箭发动机上，安装了许多3D打印零件。作为一种短流程的制造技术，3D打印在抗击新冠肺炎疫情中也发挥了作用，如3D打印医疗方舱、护目镜、呼吸阀等。

经过近40年发展，增材制造已经迈向"3D打印+"阶段。从开始的原型制造逐渐发展为直接制造、批量制造；从以形状控制为主要目标的模型模具制造，到型性兼具的结构功能一体化的部件组件制造；从微纳米尺度的功能元器件制造到数十米大小的民用建筑物打印增材制造作为一项变革性技术，是先进制造的有力工具，是智能制造不可分割的重要组成部分。

随着"3D打印+"的深入开展，增材制造、减材制造与等材制造将走向互融互通。不同制造技术各显其长，发挥合力，共同推动我国由制造大国向制造强国迈进。

（来源：人民日报）

3D打印材料认知

项目 概述

材料技术是3D打印技术发展的重要基础，供3D打印机生产的材料（以下简称打印耗材）决定了打印技术的应用领域，对打印零件的特性也有重大影响。随着技术的不断革新，3D打印材料的种类和用途也不断扩大，涵盖了工程塑料、光敏树脂、金属材料、生物材料等类别，不同的材料有着专门的应用领域属性，使得3D打印材料能够广泛地应用于航空航天、模具制造、汽车、医疗、消费品和教育等行业中，下面对3D打印行业中常用的材料进行详细的介绍。

思维 导图

本项目的主要学习内容如图3-1所示。

图3-1　思维导图

任务3.1 · 熔融沉积成型材料认知

任务导入

小张同学学习完3D打印成型原理和成型技术后，想知道3D打印熔融沉积成型材料主要有哪些？其特性参数是什么？

任务目标

知识目标
（1）了解各类熔融沉积成型材料的化学成分和优缺点。
（2）掌握各类熔融沉积成型材料的特性参数。

能力目标
（1）能够说出熔融沉积成型材料的各项性能参数。
（2）能够根据3D打印产品用途选择合适的熔融沉积成型材料。

素质目标
（1）具有追求极致的工匠精神。
（2）具备社会责任感。

知识准备

熔融沉积成型材料主要是热塑性材料，如PLA、ABS、PETG等，以线材通过齿轮传动进行供料，材料在喷嘴内被加热成熔融状态，喷嘴按指定的模型轮廓切片文件进行运动，同时将熔融的线材挤出后，材料在短时间内凝固，并与周围的线材堆叠成型，实现打印件的立体成型，目前市面上主要以1.75 mm/2.8 mm线径为主，还包括颗粒材料等。

3.1.1 PLA

PLA（聚乳酸），又称聚丙交酯，是以乳酸为主要原料聚合得到的聚酯类聚合物，原料来源充分而且可以再生，主要以玉米、木薯等为原料，如图3-2所示。聚乳酸的生产过程无污染，而且产品可以生物降解，实现在自然界中的循环，因此是理想的绿色高分子材料。

图3-2 PLA材料

35

1. 优点

（1）易打印——打印温度比ABS低，不容易翘边和开裂，在打印时不需热床加热（但有热床加热效果更容易保证）；

（2）无异味——打印时不会产生刺鼻的味道，适合在家里或者教室使用；

（3）绿色环保——由玉米、木薯淀粉等原料制成，是一种生物易降解材料；

（4）成本低——PLA比大多数耗材都便宜。

2. 缺点

（1）材质的强度一般，经过长时间的放置和使用，不适合做承载零件，适合用于做外观件，例如手办玩具等工艺品制造；

（2）不耐高温，长期存放高于60℃以上的环境，模型或者耗材会发生"热缩"变形导致软化。

3. 特性

（1）打印温度：180~220℃；

（2）热床温度：20~60℃；

（3）收缩/翘曲：小；

（4）可溶性：溶于乙酸乙酯（可对PLA 3D打印模型进行光滑表面的处理）。

3.1.2 ABS

丙烯腈-丁二烯-苯乙烯共聚物（acrylonitrile butadiene styrene，ABS），是一种强度高、韧性好、易于加工成型的热塑型高分子结构材料，如图3-3所示。ABS是具有良好硬度特性的热塑性塑料，是一种石化产品，回收再利用比较容易，是桌面3D打印机的主流线材之一。制作精度较为普遍，表面有一定的丝状纹理。材料支持多种颜色，但单个零件只能为一种或两种颜色，适用于对精度和表面质量要求不高的模型，是注塑

图3-3　ABS材料

行业最常见的热塑性塑料，适合需要强度、延展、机械加工和热稳定性的应用场合，例如乐高、电子产品外壳。

1. 优点

（1）ABS的价格低廉；

（2）优良的机械性能，良好的抗拉强度高品质、高韧性和抗冲击性；

（3）由ABS打印的零件比PLA打印的零件更耐高温；

（4）ABS打印的零件容易抛光打磨，可进行机加工；

（5）ABS耗材能够循环使用；

（6）ABS材料还具备良好的流动性、收缩率低等优点；

（7）ABS是目前产量最大，应用最广泛的聚合物，它将PS、SAN、BS的各种性能有机地统一起来，兼具韧、硬、刚相均衡的优良力学性能；

（8）耐腐蚀性好，能耐水、无机盐、碱醇或者是酸碱类的侵蚀。

2. 缺点

（1）易开裂。ABS在加热后的冷却过程中，收缩较大，因此打印时必须要用热床加热，并在密闭保温环境下进行打印；

（2）打印过程会散发刺激性气味，因此在打印ABS时打印机需要放置在通风良好的区域，或者打印机采用封闭机箱并配备空气净化装置；

（3）不可降解；

（4）打印过程中，需要对打印平台（热床）进行加热，防止打印中出现起始层翘曲；

（5）耐气候性差，易受阳光的作用，从而变色和变脆。

3. 特性

（1）打印温度：210~250℃；

（2）热床温度：80~110℃；

（3）收缩/翘曲：较大(收缩率在0.4%~0.7%)；

（4）可溶性：酯、酮和丙酮；

（5）食品安全：不适合应用于食品相关。

3.1.3　PETG

PETG 全称为 Poly（ethylene terephthalateco-1，4-cylclohexylenedimethylene terephthalate）是一种透明且非结晶型共聚酯，如图 3-4 所示。全称为聚对苯二甲酸乙二醇酯 -1,4- 环己烷二甲醇酯，是一种易于挤压的材料，具有良好的热稳定性、抗冲击性，特别适宜成型厚壁透明制品。PETG 易加工性比 ABS 好，强韧性比 PLA 要高，性能介于两者之间，用于消费品包装的设计、原型制作、装饰饰品制作等领域，在其线材制作中，可以加入合适的色素进行混合，制作出具有多种颜色的 PETG 的线材，使其能够在不同的场合下选择不同颜色的 PETG 线材进行 3D 打印制作。

1. 优点

（1）优异的耐候性和耐化学性，无挥发性气味、无毒，广泛用于食品、饮料和消费品包装；

（2）材料本身具有一定的清透性，可用于打印有一定透光特性的艺术品；

（3）韧性高、耐用，可用于制作卡扣零件；

（4）材料通过FDA认证，属于食品级耗材；

（5）稳定性强，比较耐潮湿，且不易分裂起翘。

图3-4　PETG材料

2. 缺点

（1）黏度高，有时会黏喷嘴，造成堵头；

（2）容易拉丝，不适合做支撑；

（3）在不使用黏合剂（例如胶棒）的情况下，容易从成型面板上翘曲。

3. 特性

（1）打印温度：220~250℃；

（2）打印床温度：60~80℃；

（3）收缩/翘曲：小；

（4）可溶性：醋酸乙酯，可用于模型后处理；

（5）食品安全：适合应用于各类食品包装的使用以及可接触皮肤的产品外观材料；

（6）韧性：韧性好，线材料反复曲折不易断，断裂伸长率高。

3.1.4　TPU

热塑性聚氨酯（thermoplastic polyurethane，TPU），如图3-5所示。TPU是由二苯甲烷二异氰酸酯（MDI）或甲苯二异氰酸酯（TDI）等二异氰酸酯类分子和大分子多元醇、低分子多元醇（扩链剂）共同反应聚合而成的高分子材料，是一种柔韧、耐磨的热塑性塑料。TPU 耗材具有卓越的高张力、高拉力、强韧和耐老化的特性，是一种成熟的环保材料。TPU材料能制作可弯曲且能够回弹的零件，打印的模型具较强的弹性，适合3D打印矫正鞋底和鞋网面的制作。

1. 优点

（1）柔韧性强：制品具有很好的柔韧性及回弹能力，可以随意弯折、变形；

（2）机械强度高：TPU制品的承载能力、抗冲击性及减震性能突出；

（3）打印效果好：成型不翘边，无气泡，成型效果光滑细腻，颜色准确；

（4）环保健康：满足更高要求，无毒无刺激性味道，健康安全更环保；

（5）耐寒性突出：TPU的玻璃态转变温度比较低，在−35℃仍保持良好的弹性、柔顺性和其他物理性能。

图3-5 TPU材料

2. 缺点

（1）耗材本身有弹性，对挤出机构要求较高。由于TPU较软，建议使用配置近端送料的3D打印机打印TPU耗材。若使用远程送料3D打印机，则需用2.85 mm线径的耗材并降低打印速度。

（2）不能使用边缘和底垫，不能用自身材料做支撑，否则很难拆卸；

（3）模型限制：TPU耗材不适合打印过高的模型，顶部容易摇摆造成模型错位；

3. 特性

（1）打印温度：210~230℃；

（2）热床温度：30~60℃；

（3）收缩/翘曲：小。

3.1.5 PA

聚酰胺（polyamide，PA）又称尼龙（nylon），是一种工程塑料，如图3-6所示。尼龙的种类繁多，用数字表示。熔融沉积成型材料常见的是PA6和PA66，具有很高的可加工性和低成本特点。另一种是PA12，具有很强的综合性能和低吸湿性。PA具有良好的综合性能，包括力学性能、耐热性、耐磨损性、耐化学药品性和自润滑性，且摩擦系数低，有一定的阻燃性，易

图3-6 PA材料

于加工，适于用玻璃纤维和其他填料填充增强改性，提高性能和扩大应用范围。

1. 优点

（1）较高的抗拉、抗压能力，机械强度高、韧性好、抗冲击能力强，使用温度范围广；

（2）具有较好的耐热性，能够在高达120℃的温度下长时间工作；

（3）摩擦系数低，允许短期与运动部件接触，成型收缩率低、尺寸安定性良好；

（4）高度透明性及自由染色性。

2. 缺点

（1）工作环境要求高：尼龙吸水性好，打印前耗材要烘干，打印时耗材要保存在干燥环境中（湿度<20%）；

（2）打印过程中容易出现翘曲，尤其在打印较大的扁平状模型时；

（3）需要较高温度的打印加工环境，并且在打印平台上涂抹黏合剂防止首层卷曲。

3. 特性

（1）高温尼龙喷嘴温度：240~260℃；

（2）热床温度：70~100℃（需涂抹胶水）；

（3）收缩/翘曲：大。

3.1.6 PC

聚碳酸酯（polycarbonate，PC）是一种轻质但坚固的热塑性塑料，在3D打印领域中因其抗冲击性和透明度而闻名。PC长丝可承受−150~140℃的温度，允许使用FDM技术生产复杂且耐热的部件。PC可以作为最终零部件使用于超强工程制品。使用PC材料制作的样件可直接装配使用，广泛应用于汽车制造、航空航天、医疗器械等领域。

1. 优点

（1）强度高、抗冲击性好，可用于打印要求强度和硬度要求较高的模型；

（2）使用温度范围广；

（3）高度透明性，可打印透明零部件。

2. 缺点

（1）打印时需要密闭腔体并加热，对打印机的要求较高；

（2）喷头温度和热床温度高，容易翘曲和开裂；

（3）对工作环境要求高，其吸湿性好，故打印前耗材要进行烘干，打印时耗材要保存在干燥环境中（湿度<20%）；

（4）对紫外线和水解非常敏感；

（5）加工过程中会产生异味气体。

3. 特性

（1）喷头温度：250~310℃；

（2）热床温度：90~120℃；

（3）翘曲/分层严重；

（4）无可溶性。

任务实施

熟悉掌握3D打印熔融沉积成型材料种类和其特性参数，具体见表3-1所列。

表3-1　熔融沉积成型材料种类和特性参数

材料种类	特性参数
PLA	（1）打印温度：180~220℃； （2）热床温度：20~60℃； （3）收缩/翘曲：小； （4）可溶性：溶于乙酸乙酯（可对 PLA 3D 打印模型进行光滑表面的处理）
ABS	（1）打印温度：210~250℃； （2）热床温度：80~110℃； （3）收缩/翘曲：较大（收缩率在 0.4%~0.7%）； （4）可溶性：酯、酮和丙酮； （5）食品安全：不适合应用于食品相关
PETG	（1）打印温度：220~250℃； （2）打印床温度：60~80℃； （3）收缩/翘曲：小； （4）可溶性：醋酸乙酯，可用于模型后处理； （5）食品安全：适合应用于各类食品包装以及可接触皮肤的产品外观材料； （6）韧性：韧性好，线材料反复曲折不易断，断裂伸长率高
TPU	（1）打印温度：210~230℃； （2）热床温度：30~60℃； （3）收缩/翘曲：小
PA	（1）高温尼龙喷嘴温度：240~260℃； （2）热床温度：70~100℃（需涂抹胶水）； （3）收缩/翘曲：大
PC	（1）喷头温度：250~310℃； （2）热床温度：90~120℃； （3）翘曲/分层：严重； （4）可溶性：否

任务3.2 光固化成型材料认知

任务导入

小张同学学习完3D打印熔融沉积成型材料后，想知道3D打印光固化成型材料主要有哪些？其特性参数和应用领域有哪些？

任务目标

知识目标

（1）了解各类光固化成型材料化学成分。

（2）掌握各类光固化成型材料的特性和应用领域。

能力目标

（1）能够说出各类光固化成型材料及性能参数。

（2）能够根据3D打印产品用途选择合适的光固化成型材料。

素质目标

（1）培养主动学习意识和刻苦钻研的精神。

（2）具备善于思考和创新意识。

知识准备

光敏树脂俗称紫外线固化无影胶，或UV树脂（胶），主要由聚合物单体与预聚体组成，其中加有光（紫外线）引发剂，或称为光敏剂。在一定波长的紫外线（250~410 nm）照射下便会立刻引起光化学聚合反应，光敏树脂材料会由液态转换成固体形态。光敏树脂常态为液态，遮光密闭保存，常用于制作高强度、耐高温、防水等的材料。随着光固化成型（SLA）3D打印技术的出现，该材料开始被用于3D打印领域。由于通过紫外线光照便可固化，因此可以通过紫外线发生器照射成型，也可以通过投影直接逐层成型。以光敏树脂为主的成型材料在3D打印机的加工下体现出其他耗材所不具备的成型速度快、打印时间短、可塑效果好等优点。光固化成型材料主要有通用刚性树脂、水洗树脂、牙模树脂、可铸造树脂、类ABS（高韧刚性）树脂、弹性树脂等。光敏树脂配合SLA、DLP等3D打印技术被广泛运用在工业、教育、牙科、文创等行业，可用来打印手办件、动漫手办、汽车配件、牙模等。

3.2.1　通用刚性树脂

1.特性

通用刚性树脂，高硬，固化时间短，成型过程稳定不变形，成品表面质感细腻光滑，每一个细节精度高，如图3-7所示。固化后具有较高的硬度兼具一定的韧性，从而使得3D打印完成的模型不易脆裂；打印完成的模型经过酒精清洗干净后进行沥干或使用相关工具吹干，并放置于紫外线或者阳光下进行照射，且模型整体外观特征都需要均匀照射到，才能完全去除模型表面附着的光敏树脂溶液。

其特性主要参数如下。

（1）适用波段：355~410 nm；

（2）成型表面硬度：84 D；

（3）黏度：150~200 MPa·s；

（4）收缩率：3.62%~4.24%；

（5）密度：1.05~1.25 g/cm^3。

2.主要应用领域

通用刚性树脂主要应用于牙科、手办、钟表、眼镜、教学科研、玩具设计、工艺品设计，工业零件设计等领域如图3-8所示。

图3-7　通用刚性树脂特性　　　　　图3-8　舞狮工艺品

3.2.2　水洗树脂

1.特性

用水洗树脂打印完成后，工件可以直接用水冲洗干净，不黏手，相比于现在用酒精洗的光敏树脂，该耗材在使用过程中对用户体验感觉更好，无需复杂的处理工序和防护措施，所需的清洁时间和材料成本也较低，使用环境也较为舒适；其黏稠度低，流动性好，在打印模型的过程中保证模型打印性能的同时，也解决了打印成型不易离型的难点，大幅提升了打印的成功率，延长了离型膜的寿命，其特性如图3-9所示。

其特性主要参数如下。

（1）适用波段：355~405 nm；

（2）成型表面硬度：82D；

（3）黏度：100~350 MPa·s；

（4）收缩率：3.62%~4.24%；

（5）密度：1.05~1.25 g/cm³。

2. 主要应用领域

水洗树脂适用于珠宝、手办、教育、牙科等领域，如图3-10所示。

图3-9 水洗树脂特性　　　　　　　　　　　图3-10 水洗树脂应用

3.2.3 牙模树脂

1. 特性

牙模树脂收缩率低，成型过程不变形，成品表面光滑，精度高，固化时间短，成品具有良好的强度及柔韧性，较好的耐刮擦性能，表面的硬度较高，普通工具难以对其打印成品造成刮痕。同时该耗材主要应用于牙科等医疗领域，材料在完成打印固化后具有良好的机械性能、生物兼容性和灭菌兼容性，其特性如图3-11所示（注：生物兼容性主要体现在与人体

图3-11 牙模树脂特性

器官组织接触后不会出现过敏或者排斥反应；灭菌兼容性则体现在其材料表面不易细菌的滋生，同时在常规的灭菌方法下也不会损坏其结构）。

其特性主要参数如下。

（1）适用波段：355~405 nm；

（2）成型表面硬度：82 D；

（3）黏度：150~300 MPa·s；

（4）收缩率：1.56%~1.95%；

（5）打印速度：6~18 s/层。

2. 主要应用领域

牙模树脂特别适用于医疗行业牙模制作及其他医疗用品的制作，如图3-12所示。适合用于牙齿矫正及定制的市场中，高效的成型速度以及较低的制作成本，让牙模领域的定制市场变得更加普遍化。

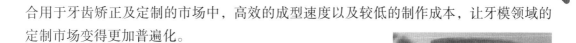

图3-12 牙模树脂应用

3.2.4 可铸造树脂

1.特性

可铸造树脂具备优良的燃烧性能，在高温烧结下膨胀小，残留少，能够大大缩短工艺链的生产周期，并且提升了设计自由度。采用可铸造树脂打印完成的模型还具备高精细度且表面光滑，打印细节清晰可见，高精度还原了模型特征尺寸，大幅度减少后续处理的工作量，因其具有低收缩率，能够保证模型成型后稳定不变形，材料还具备安全环保性能，属于环境友好型的材料，备受珠宝等行业的青睐。其特性如图3-13所示。

高精度　流动性好　燃烧无残留　表面光滑　膨胀小　兼容性广

图3-13 可铸造树脂特性

其特性主要参数如下。

（1）适用波段：355~405 nm；

（2）成型表面硬度：65 D；

（3）黏度：100~150 MPa·s；

（4）收缩率：4.06%~5.08%；

（5）密度：1.05~1.25 g/cm³。

2.主要应用领域

可铸造树脂主要应用于珠宝失蜡铸造、铜器工艺品、手办模型、牙齿定制等行业，如图3-14所示。

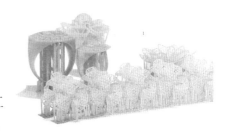

图3-14 可铸造树脂应用

3.2.5 类ABS（高韧刚性）树脂

1.特性

类ABS（高韧刚性）树脂具备高硬度、刚韧性的物理性能，且抗冲击能力强，能够在强度和伸长率之间取得一种平衡，使3D打印的原型产品拥有更好的抗冲击性和材料强度，其特性如图3-15所示。并且可以在成品模型上直接攻牙钻孔，适用于小批量的成品生产。

其特性主要参数如下。

（1）适用波段为355~405 nm；

（2）成型表面硬度：80~85 D；

（3）黏度：200~350 MPa·s；

（4）收缩率：3.62%~4.24%；

（5）打印速度：6~18 s/层。

2. 主要应用领域

类ABS（高韧刚性）树脂应用于珠宝、牙科、钟表、眼镜、教学科研、工艺品设计、工业零件设计等领域，如图3-16所示。

图3-15　类ABS（高韧刚性）树脂特性　图3-16　类ABS（高韧刚性）树脂应用

3.2.6　弹性树脂

1. 特性

弹性树脂用于制作高弹性的成品模型，成型出色且耐冲击，固化时间短，成型过程不变形，成品表面光滑，精度高，打印完成的产品可经过多次对折且不断裂，能够实现反复回弹的功能特点，如图3-17所示。

其特性主要参数如下。

（1）适用波段：405 nm；

（2）成型表面硬度：25 D；

（3）黏度：300~1000 MPa·s；

（4）收缩率：3.62%~4.24%；

（5）打印速度：6~18 s/层。

2. 主要应用领域

弹性树脂应用于制造完美的铰链、减震、接触面、鞋中底、鞋垫等弹性产品，如图3-18所示。

图3-17　弹性树脂特性　　　　　图3-18　弹性树脂应用

掌握3D打印光固化成型材料种类、特性参数和应用领域，具体见表3-2所列。

表3-2　光固化成型材料种类、特性参数和应用领域

材料种类	特性参数	应用领域
通用刚性树脂	（1）适用波段：355~410 nm； （2）成型表面硬度：84 D； （3）黏度：150~200 MPa·s； （4）收缩率：3.62%~4.24%； （5）密度：1.05~1.25 g/cm³	主要应用于牙科、手办、钟表、眼镜、教学科研、玩具设计、工艺品设计、工业零件设计等领域
水洗树脂	（1）适用波段：355~405 nm； （2）成型表面硬度：82 D； （3）黏度：100~350 MPa·s； （4）收缩率：3.62%~4.24%； （5）密度：1.05~1.25 g/cm³	主要应用于珠宝、手办、教育、牙科等领域
牙模树脂	（1）适用波段：355~405 nm； （2）成型表面硬度：82 D； （3）黏度：150~300MPa·s； （4）收缩率：1.56%~1.95%； （5）打印速度：6~18 s/层	适用于医疗行业牙模制作及其他医疗用品的制作
可铸造树脂	（1）适用波段：355~405 nm； （2）成型表面硬度：65 D； （3）黏度：100~150 MPa·s； （4）收缩率：4.06%~5.08%； （5）密度：1.05~1.25 g/cm³	适用于珠宝失蜡铸造、铜器工艺品、手办模型、牙齿定制等行业
类 ABS（高韧刚性）树脂	（1）适用波段：355~405 nm； （2）成型表面硬度：80~85 D； （3）黏度：200~350 MPa·s； （4）收缩率：3.62%~4.24%； （5）打印速度：6~18 s/层	适用于珠宝、牙科、钟表、眼镜、教学科研、工艺品设计、工业零件设计等领域
弹性树脂	（1）适用波段：405 nm； （2）成型表面硬度：25 D； （3）黏度：300~1000 MPa·s； （4）收缩率：3.62%~4.24%； （5）打印速度：6~18 s/层	应用于制造完美的铰链、减震、接触面、鞋中底、鞋垫等弹性产品

任务3.3 激光烧结成型金属材料认知

任务导入 ///

小张同学学习完3D打印熔融沉积成型材料和光固化成型材料后，想知道3D打印激光烧结成型金属粉末材料主要有哪些？其各自的特性和应用领域有哪些？

任务目标 ///

知识目标

（1）了解各类激光烧结成型金属粉末材料的种类。

（2）掌握各类激光烧结成型金属粉末材料的特性和应用领域。

能力目标

（1）能够正确区分各类激光烧结成型金属粉末材料的种类。

（2）能够根据3D打印产品用途选择合适的激光烧结成型金属粉末材料。

素质目标

（1）具备良好的职业道德。

（2）培养精益求精的工匠精神。

知识准备 ///

金属3D打印属于3D打印领域的一个重要分支，种类较多，有直接打印和间接打印之分，根据打印材料的形态，可分为金属粉末材料、金属颗粒、金属线材和金属浆料等数种材料。本任务主要介绍金属粉末材料。金属粉末材料对其纯净度、粉末粒度分布、粉末形貌、粉末流动性和松装密度五个方面的参数要求极为严格，同一种粉末在这五个方面参数不一致的情况下所打印出来的产品质量也不尽相同，如在纯净度方面，高温合金粉末氧含量应为0.006%~0.018%，钛合金粉末氧含量应为0.007%~0.013%，不锈钢粉末氧含量应为0.010%~0.025%。

金属粉末都有特定的领域应用范围，不同材料的性能特性有着较大的区别，其中在粉末的密度方面差别较大；金属3D打印采用的金属粉末有不锈钢、模具钢、铝合金、钛合金、铜合金、镍合金、钴铬合金等材料，绝大部分的金属粉末材料对人体有害，使用时必须做好防护措施。

3.3.1　不锈钢

1. 特性

应用于金属3D打印的不锈钢主要有三种：奥氏体不锈钢316L、马氏体不锈钢15-5PH、马氏体不锈钢17-4PH。奥氏体不锈钢316L，具有高强度和耐腐蚀性，可在很宽的温度范围下降到低温。马氏体不锈钢15-5PH，又称马氏体时效（沉淀硬化）不锈钢，具有很高的强度、良好的韧性、耐腐蚀性，而且可以进一步硬化，是无铁素体。马氏体不锈钢17-4PH，在高达315℃时仍具有高强度、高韧性，而且耐腐蚀性超强，随着激光加工状态可以带来极佳的延展性。这些材料还具备耐高温氧化，因此能够抗火灾；容易塑性加工，且焊接性能好；光洁度高，维护简单等特点，基于不锈钢材料广泛应用在各个领域中，其价格也相对比其他粉末材料更具有优势。

2. 主要应用领域

不锈钢主要用于制作生活/消费（如手表、珠宝、眼镜架等个人消费产品）、工业零件制造（如汽车制造、工业零部件、轮船、石油等海洋工业等）、个性化定制领域（如首饰、工艺品），如图3-19所示。

图3-19　不锈钢应用

3.3.2　模具钢（马氏体时效钢）

1. 特性

模具钢的适用性来源于其优异的硬度、耐磨性和抗形变能力，以及在高温下保持切削刃的能力。模具H13热作工具钢就是其中一种，能够承受不确定时间的工艺条件；马氏体钢，以马氏体300为例，又称马氏体时效钢，在时效过程中的高强度、韧性和尺寸稳定性都是众所周知的。它们与其他钢不同，因为它们是不含碳的，属于金属间化合物，通过丰富的镍、钴和钼的冶金反应硬化。在3D打印成型之后方便进行机械加工，并且热处理硬化后硬度可高达约 55 HRC。金属3D打印可以制造复杂结构的随形冷却流道模具，与传统模具对比，随形冷却流道模具在使用时，可以实现快速、均匀冷却，而且脱膜更快、效果更好。另外，金属3D打印带有排气孔的模具产品，解决了传统制造技术无法实现的难题。金属3D打印技术的应用，使得模具产品的设计变得自由、开放，带动了模具产品的制作向定制化、复杂化方向迈进，最终，推动整个模具行业向快速制造化发展。

2. 主要应用领域

模具钢主要应用于模具制造（如随形冷却流道、精密模芯等）、航空航天、高强度机身部件和赛车零部件、工业零件生产（如功能样件、小规模生产零件、定制化零件和备品备件），如图 3-20 所示。

图3-20　模具钢应用

49

3.3.3 铝合金

1. 特性

铝合金具有优良的物理、化学和力学性能，在许多领域获得广泛的应用，但是铝合金自身的特性（如易氧化、高反射性和导热性等）增加了选择性激光熔化制造的难度。目前，SLM成型铝合金中存在氧化、残余应力、空隙缺陷及致密度等问题，这些问题主要通过严格的保护气氛、增加激光功率、降低扫面速度等加以改善。目前，SLM成型铝合金材料主要集中在Al-Si-Mg系合金，主要有铝硅AlSi12和AlSi10mg两种。铝硅12，是具有良好的热性能的轻质增材制造金属粉末，可应用于薄壁零件如换热器或其他汽车零部件，还可应用于航空航天及航空工业级的原型及生产零部件；硅/镁组合使铝合金更具强度和硬度，使其适用于薄壁以及复杂的几何形状的零件，尤其是在具有良好的热性能和低重量场合中。

图3-21　铝合金应用

2. 主要应用领域

铝合金主要应用于制造功能样件（如小规模生产零件、定制化零件或备品备件等）；同时具有高热学性能和轻质量的零件（如赛车运动用零件等），如图3-21所示。

3.3.4 钛合金

1. 特性

钛合金坚固、轻巧、耐热和耐化学腐蚀。Titanium 64(Ti-6Al-4V)，可用于强度/质量比非常高的零件加工，具有耐高温、高耐腐蚀性、高强度、低密度以及生物相容性等优点，适合在特定领域采用轻量化设计的产品。

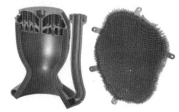

2. 主要应用领域

钛合金主要应用于军工、航空航天、化工、核工业、运动器材及医疗器械等领域，如图3-22所示。

图3-22　钛合金应用

3.3.5 铜合金

1. 特性

铜合金是应用于市场的铜基合金，俗称青铜，具有良好的导热性和导电性，可以结合设计自由度，产生复杂的内部结构和冷却通道，适合冷却更有效的工具插入模具，如半导体器件，也可用于微型换热器，具有壁薄、形状复杂的特征。

2. 主要应用领域

铜合金主要应用于电力、散热、管道、装饰、制造等领域；具备良好的导电、导热性和高强度的铜应用于制造航空、航天发动机燃烧室等零部件，如图3-23所示。

3.3.6 镍合金

1. 特性

镍合金是一种粉末态的镍基高温合金，这种硬化镍铬合金的特点是具有良好的抗老化性、拉伸强度、高温强度和在高温700℃时的断裂强度。镍合金在不同的腐蚀环境中还具有非常好的抗腐蚀性。这种材料非常适合高温环境下的应用。

图3-23 铜合金应用

2. 主要应用领域

镍合金主要用于制造空用和陆用的涡轮机零件、火箭和航空航天用的零件、化工和加工工业用零件、石油、汽油和天然气工业用零件，如图3-24所示。

图3-24 镍合金应用

3.3.7 钴铬合金

1. 特性

钴铬合金是一种多粉末合金混合体，在钴-铬-钼高温合金中打印零件。这种类型的高温合金具有非常好的力学性能（强度、硬度等）、耐腐蚀性和耐热性。为医疗和牙科应用提供了出色的生物相容性。由于其抗蠕变性，它可以在高达600℃的温度下运行。高强度重量比也使其成为航空航天应用的理想选择，钴铬合金是已知的最坚硬的材料之一，可以抛光到非常光滑的表面。

2. 主要应用领域

钴铬合金主要应用于医疗领域（如骨科植入体、牙科牙冠、支架等）、涡轮机及其他飞机发动机零件、切削工具、精细化零件（如薄壁、细孔等），如图3-25所示。

图3-25 钴铬合金应用

 **任务实施** //

掌握3D打印金属粉末材料种类、特性和应用领域，具体见表3-3所列。

表3-3 金属粉末材料种类、特性和应用领域

材料种类	特性	应用领域
不锈钢：奥氏体不锈钢 316L、马氏体不锈钢 15-5PH、马氏体不锈钢 17-4PH	奥氏体不锈钢 316L，具有高强度和耐腐蚀性，可在很宽的温度范围下降到低温。马氏体不锈钢 15-5PH，又称马氏体时效（沉淀硬化）不锈钢，具有很高的强度、良好的韧性、耐腐蚀性，而且可以进一步硬化，是无铁素体。马氏体不锈钢 17-4PH，在高达 315℃ 时仍具有高强度、高韧性，而且耐腐蚀性超强，随着激光加工状态可以带来极佳的延展性。这些材料还具备耐高温氧化，因此能够抗火灾；容易塑性加工，且焊接性能好；光洁度高，维护简单等特点	主要用于制作生活/消费（如手表、珠宝、眼镜架等个人消费产品）、工业零件制造（如汽车制造、工业零部件、轮船、石油等海洋工业等）、个性化定制领域（如首饰、工艺品）
模具钢（马氏体时效钢）	优异的硬度、耐磨性和抗形变能力，以及在高温下保持切削刃的能力	主要用于模具制造（如随形冷却流道、精密模芯等）、航空航天、高强度机身部件和赛车零部件、工业零件生产（如功能样件、小规模生产零件、定制化零件和备品备件）
铝合金	具有优良的物理、化学和力学性能，在许多领域获得了广泛的应用，但是铝合金自身的特性（如易氧化、高反射性和导热性等）增加了选择性激光熔化制造的难度	主要用于直接生产功能样件（如小规模生产零件、定制化零件或备品备件等）；同时具有高热学性能和轻质量的零件（如赛车运动用零件等）
钛合金	坚固、轻巧、耐热和耐化学腐蚀。Titanium 64(Ti-6Al-4V)，可用于强度/重量比非常高的零件加工，具有耐高温、高耐腐蚀性、高强度、低密度以及生物相容性等	主要用于军工、航空航天、化工、核工业、运动器材及医疗器械等领域
铜合金	具有良好的导热性和导电性，可以结合设计自由度，产生复杂的内部结构和冷却通道，适合冷却更有效的工具插入模具，如半导体器件，也可用于微型换热器，具有壁薄、形状复杂的特征	主要用于电力、散热、管道、装饰、制造等领域；具备良好的导电、导热性和高强度的铜应用于制造航空、航天发动机燃烧室等零部件
镍合金	具有良好的抗老化性、拉伸强度、高温强度和在高温 700℃ 时的断裂强度。镍合金在不同的腐蚀环境中还具有非常好的抗腐蚀性	主要用于制造空用和陆用的涡轮机零件、火箭和航空航天用的零件、化工和加工工业用零件、石油、汽油和天然气工业用零件
钴铬合金	具有非常好的力学性能（强度、硬度等）、耐腐蚀性和耐热性。为医疗和牙科应用提供了出色的生物相容性。由于其抗蠕变性，它可以在高达 600℃ 的温度下运行	主要用于医疗领域（如骨科植入体、牙科牙冠、支架等）、涡轮机及其他飞机发动机零件、切削工具、精细化零件（如薄壁、细孔等）

任务3.4 其他成型材料认知

任务导入

小张同学学习完3D打印熔融沉积成型材料、光固化成型材料、金属粉末材料后，想知道3D打印成型还有哪些其他成型材料，以及这些材料的特性和应用领域有哪些？

任务目标

知识目标

（1）了解生物材料的特性和应用领域。

（2）掌握石膏粉末材料的特性和领域应用。

能力目标

（1）能够正确区分石膏粉末材料特性和领域应用。

（2）能够根据3D打印产品用途选择合适的成型材料。

素质目标

（1）培养创新意识和创造精神。

（2）培养积极向上的人生态度。

知识准备

3D打印材料除了上述讲述的材料外，还有陶瓷粉末、石膏粉末、生物材料、木材等，本节主要介绍石膏粉末和生物材料。

3.4.1 石膏粉末

1. 特性

石膏作为一种表面光滑饱满、颜色洁白、质地细腻、具有良好装饰性的材料，相对于其他3D打印材料，石膏具有精细的颗粒粉末、颗粒直径易于调整、性价比高、安全环保、无毒无害、支持全彩色打印的诸多优点；PP石膏3D成型技术与SLS不完全相同，但其原理与SLA相近；该技术使用了UV固化技术（CJP），石膏粉末铺设后由一彩色喷墨打印机喷出UV墨水，辅以紫外光照射，将石膏黏结起来，不同色彩的UV墨水，构成了彩色打印。采用这种技术打印成型的样品模型与实际产品具有同样的色彩，还可以将彩色分析结果直接描绘在模型上，模型样品所传递的信息较大。

2. 主要应用领域

石膏粉末主要应用于运输、能源、消费品、娱乐、医疗保健、沙盘展示模型、动漫手办、人像等领域，如图3-26所示。

图3-26　石膏材料应用

3.4.2　生物材料

生物材料（Biomaterials）也称为生物医用材料，当前学术界对其概念有广义和狭义之分；广义层面主要指由生物启发或模仿生物某些性能研制出高性能的新型材料，这种材料目前已被广泛应用在社会生活的各大领域，包括电子信息、医疗、能源等。狭义层面主要指的是专门用于医疗的高性能材料，可用来诊断、修复或替换人体的某些组织，也就是生物医用材料（Biomedical Materials），主要指基因重组、细胞融合、生物制造等技术，利用生物体或细胞得到医学所需的各种产物，可用于临床的诊断、治疗、修复或增强组织局部功能等。通常有两种类型，生物相容性（Biocompatibility）材料和生物降解性（Biodegradation）材料，材料来源可以是天然材料，或合成材料。本书主要介绍活细胞和水凝胶生物材料。

1. 活细胞

（1）特性。

生物3D打印技术是将生物单元（细胞/蛋白质/DNA等）和生物材料按仿生形态学、生物结构或生物体功能，细胞特定微环境等要求用"三维打印"的技术手段制造出具有个性化的体外三维结构模型或三维生物功能结构体。活细胞3D打印结构具有自支撑性，可调细胞密度，兼有大规模生产、高催化活性和长期可持续使用等特性。

（2）主要应用领域。

活细胞主要用于制作皮肤、耳朵、软骨、肾脏、心脏、气管支架等，如图3-27所示。

图3-27　活细胞材料应用

2. 水凝胶

（1）特性。

水凝胶（Hydrogel）是以水为分散介质的凝胶，是一种高分子网络体系。其性质柔软，能保持一定的形状，能吸收大量的水，类似一种软组织。凝胶的聚集态既非完全的固体也非完全的液体。含细胞打印的墨水具备温敏特性，通过温度变化可以实现其凝胶-溶胶的转变，转变温度为0~37℃。常用的温敏细胞打印水凝胶墨水为明胶，以此为基础加入其他生物相容性良好的材料，使生物墨水具备生物相容性好、易上机打印、结构强度高等特性。水凝胶生物打印主要考虑的问题是细胞活率，需确认选用的墨水是否适合细胞的生长。

（2）主要应用领域。

水凝胶主要用于制作组织工程、软体驱动、柔性传感、工程承载、骨组织、细胞支架、传感领域等，如图3-28所示。

图3-28 水凝胶材料应用

任务实施

掌握3D打印其他材料种类、特性和应用领域，具体见表3-4所列。

表3-4 其他材料种类、特性和应用领域

材料种类	特性	应用领域
石膏粉末	表面光滑饱满、颜色洁白、质地细腻、具有良好装饰性。颗粒直径易于调整、性价比高、安全环保、无毒无害、支持全彩色打印	主要用于运输、能源、消费品、娱乐、医疗保健、沙盘展示模型、动漫手办、人像等领域
活细胞生物材料	活细胞3D打印结构具有自支撑性，可调细胞密度，兼有大规模生产、高催化活性和长期可持续使用等	主要用于制作皮肤、耳朵、软骨、肾脏、心脏、气管支架等
水凝胶生物材料	是一种高分子网络体系，性质柔软，能保持一定的形状，能吸收大量的水。用于含细胞打印的墨水具备温敏特性，通过温度变化可以实现其凝胶－溶胶的转变，并且转变温度范围为0~37℃	主要用于制作组织工程、软体驱动、柔性传感、工程承载、骨组织、细胞支架、传感领域等

项目 练习

一、填空题

1. 乳酸 (PLA)，又称_____，是以_____为主要原料聚合得到的聚酯类聚合物，原料来源充分而且可以再生，主要以_____、_____等为原料。

2. ABS 材料的优点：低廉；优良的_____性能，极好的_____、_____和_____；由 ABS 打印的零件比 PLA 打印的零件_____。

3. TPU 软胶材料的主要优点：_____、_____、_____、_____、_____。

4. 光敏树脂，俗称_____或_____，主要由聚合物单体与预聚体组成，其中加有光 (紫外线) 引发剂，或称为_____。在一定波长的紫外线（250~410 nm）照射下便会立刻引起_____，光敏树脂材料由_____转换成_____。

5. 可铸造树脂具备_____性能，在高温烧结下_____，能够大大缩短了工艺链的_____，并且提升了_____。

6. ABS（高韧刚性）树脂具备_____、_____的物理性能，且_____能力强，能够在_____之间取得一种平衡，使 3D 打印的原型产品拥有更好的_____。

7. 应用于金属 3D 打印的不锈钢主要的 3 种类别分别是_____、_____、_____。

8. 铜合金俗称_____，具有良好的_____和_____，可以结合设计自由度，产生复杂的_____和_____，适用于半导体器件等领域。

9. 石膏作为一种表面_____、_____、_____、具有良好_____的材料，相对于其他 3D 打印材料，石膏具有：_____的颗粒粉末、颗粒直径易于调整、性价比高、安全环保、无毒无害、唯一支持全彩色打印的诸多优点。

10. 3D 打印活细胞是 3D 打印技术将_____和_____按_____、_____、或_____，细胞特定微环境等要求用"三维打印"的技术手段制造出具有个性化的_____或_____。

二、选择题

1. FDM所使用的材料类型主要是？（   ）

   A.热塑性材料   B.金属粉末材料   C.液态树脂材料   D.矿物材料

2. 以下哪种不是PA材料的优点？（   ）

   A.较高的抗拉、抗压能力，机械强度高、韧性好、抗冲击能力强，使用温度范围广

   B.具有较好的耐热性，能够在高达 120 ℃ 的温度下长时间工作

   C.材料本身具有一定的清透性，可用于打印有一定有透光特性的艺术品

   D.高度透明性及自由染色性

3. 以下哪种是光固化所用的材料？（   ）

   A.粉末材料   B.高分子材料   C.金属粉末   D.光敏树脂

4.水洗树脂不具备以下哪种特性？（　　　　）

    A.拥有较好的流动性 　　　　　　　　B.具有高回弹性

    C.所需的固化时间短 　　　　　　　　D.模型可用水直接清洗干净

5.3D打印的各类生产技术中，使用光敏树脂材料技术是（　　　　）。

    A.FDM 　　　　　B.SLM 　　　　　　　C.SLS 　　　　　　　　　D.SLA

6.选择性激光熔化（SLM）成型设备使用的原材料为（　　　　）。

    A.光敏树脂 　　　B.金属粉末 　　　　　C.陶瓷粉末 　　　　　　　D.尼龙粉末

7.金属打印所使用的金属粉末对粉末粒度分布要求不包括哪个颗粒度范围？（　　　　）

    A.15~53μm 　　　B.53~105μm 　　　　C.105~150μm 　　　　　D.150~210μm

8.金属3D打印采用铜合金粉末制作出来的零件不具备以下哪个优点？（　　　　）

    A.可塑性 　　　　B.导电性 　　　　　　C.导热性 　　　　　　　　D.高强度

9.目前成熟运用于SLS设备打印的材料主要是（　　　　）。

    A.石膏 　　　　　B.尼龙 　　　　　　　C.金属 　　　　　　　　　D.树脂

10.水凝胶可以用来制作以下哪种模型？（　　　　）

    A.手办 　　　　　B.工业零件 　　　　　C.细胞支架 　　　　　　　D.饰品

三、简答题

1.简述TPU线材的主要优点。

2.简述通用刚性树脂材料的主要特性。

3.ABS（高韧性）树脂的主要特性有哪些？

4.简述铝合金粉末材料的主要特性。

5.简述活细胞的主要特性。

拓展阅读

3D打印新技术精细"雕刻"光子晶体

    五彩缤纷的蝴蝶翅膀、光鲜靓丽的孔雀羽毛、闪耀着金属光泽的昆虫甲壳……点缀着这些大自然奇妙杰作的并非普通色素，而是光与光子晶体结构发生散射、干涉、衍射等作用后形成的结构色。

    光子晶体是由不同折射率介质周期性排列而形成的光学超材料，也被称为光学半导体。通过设计和制造光子晶体材料及相关器件来控制光子运动，并在此基础上进一步实现光子晶体材料的各种应用，是人们长久以来的梦想。

    近日，中国科学院化学研究所绿色印刷院重点实验室研究员宋延林、副研究员吴磊等研究人员组成的研究团队利用连续数字光处理（DLP）3D打印技术，实现了具有明亮结构色的三维光子晶体结构制备，为创新结构色制备方法及扩展3D打印的应用开创了新的途径。

创新方法，让光子晶体精准"生长"。光子晶体作为未来光子产业发展的基础性材料，其独特的三维光学控制能力使其在集成光学元件、光子晶体光纤及高密度光学数据储存等领域都有广阔的应用前景。3D打印技术近年来的成熟发展，也使其成为最好的光子晶体制备手段之一。

宋延林向记者介绍，虽然近年来有一些将3D打印技术应用于多种图案化光子晶体制备的案例，但普通的3D打印技术因为墨水中树脂的光固化速度和纳米粒子组装速度的差异，存在结构色效果较差、打印精度较低、难以实现复杂三维结构等问题。上述方法制备的多种图案化光子晶体具有表面形貌粗糙和保真度较差等缺陷，难以被广泛应用于光学器件中。

要实现高精度、高保真的光子晶体结构3D打印，就必须要开拓出新的方法。此次研究中，研究团队使用了连续数字光处理3D打印技术。与常见的将原材料层层挤出、堆叠而成的3D打印技术不同，连续数字光处理3D打印技术基于光敏树脂材料在紫外线照射下会快速固化的特性，利用紫外线光束在光敏树脂溶液中雕刻形成3D结构。

此次研究团队所采用的连续数字光处理3D打印方法主要的打印步骤如下：首先，在透明基板上滴上墨水，将墨水上方的成型平面缓缓下降，与墨水进行接触；其次，通过基板下方的光束将打印图案照射在墨水上；最后，受到紫外线照射的墨水会凝固成预先设计好的形状。一滴滴小小的墨水被"雕刻"为一个3D光子晶体结构，其整个产生的过程仿佛是从基板上"生长"出来。

宋延林表示，研究团队所采用的连续数字光处理3D打印技术主要在两个方面取得了重要改进。

一是在打印模式上，市面上的光固化连续数字光处理3D打印技术大都是层层打印，打印速度较慢。研究团队研发出的低黏附光固化界面，让液滴与基底之间的黏附力极低，打印过程没有任何"拖泥带水"，能够实现迅速连续打印成型，极大地提升了打印的速度。

二是在成型方式上，市面上的光固化连续数字光处理3D打印技术通常要采用液槽来盛装大量液态树脂。采用液槽来盛装大量液态树脂的方式导致在连续打印过程中，不该固化的区域因为受到照射而固化，不仅造成原材料的大量浪费，也降低了连续打印过程中的稳定性及分辨率。研究团队摒弃了液槽，而是以单墨滴为成型单元，通过控制固化过程中气、固、液三相接触线，显著减少了液体树脂在固化结构表面的残留。同时，以单墨滴为成型单元还降低了界面黏附，增加了液体内部树脂的流动，显著提高了3D打印的精度和稳定性。

除了创新打印方式，此次研究中，研究团队对打印所需的墨水也进行了大胆革新。"我们这次研究中最困难的环节就是打印墨水的开发。"宋延林表示。

　　针对上述问题，研究团队创造性地研发出了利用氢键辅助的胶体颗粒墨水，赋予了打印结构高质量的结构色与光子晶体特性。研究团队研发的墨水由三部分组成：实现三维结构构建的光固化单体和光引发剂、保证结构色的纳米颗粒、减少光散射的添加剂。

　　在单体的选择和引发剂合成上，考虑到环保要求，研究团队合成的墨水为水性体系。但由于目前广泛使用的引发剂大多为油溶性，少数水溶性的引发剂又与3D打印所采用的光波波长不匹配，光引发效率较低。为了能够得到较高光引发效率的水溶性引发剂，团队查阅了大量文献并进行了反复地摸索实验，最终成功合成出了水溶性的光引发剂。

　　除了引发剂，光固化单体的选择更加至关重要。宋延林表示，合格的光固化单体必须满足既能实现三维结构化，又不能在打印过程中引起聚合物和纳米颗粒的相分离的条件。论文第一作者张虞表示，"最终我们找到了丙烯酰胺这种适合的单体。"

　　选定单体后，还需确定光固化单体与纳米颗粒的比例。如果光固化单体较少，就会无法打印。反之，如果光固化单体太多，则会影响纳米颗粒的运动和分散，进而影响结构色的质量。团队经过大量实验，对多种不同的比例组合反复尝试，最终确定了最佳比例。

　　最后，为了减少光的散射对打印过程的影响，尽可能地提高打印结构的色彩饱和度，在添加剂的选择上，团队尝试了包括碳纳米管、碳纳米纤维以及黑色墨水等多种材料。但上述材料均存在种种缺陷，研究团队最终将经过特殊处理的炭黑作为添加剂。

　　颗粒粒径以及打印速度等因素都会影响3D结构色的呈现。当胶体颗粒粒径和打印速度不变时，随着视角增加，结构色蓝移，即从橙色转变为黄绿色，最后转变为蓝紫色。这种视角依赖的特性，使得连续数字光处理3D打印技术在个性化珠宝配饰及装饰、艺术创作等领域有着比较广阔的应用前景。

　　除了视角变化会影响结构色的呈现外，当打印速度固定时，控制固定胶体颗粒粒径、调节打印速度，都可以得到覆盖可见光范围的系列结构色。采用顺序切片、依次投影、分段打印的方式，还可使同一物体结构上呈现出多种结构色。

　　除了实现"信手拈来"般地制备结构色，研究团队利用此种连续数字光处理3D打印技术制备出的多种具有光滑内外表面、低光学损耗及颜色选择性的线性光传输和非线性光传输3D结构，也验证了该方法在制造高效光学传输器件方面的独特优势。宋延林表示，未来研究团队会在光子晶体功能器件的制备方面继续进行新的探索。

（来源：科技日报）

3D模型获取

项目 概述

3D模型是增材制造过程的前提,可以通过正向设计和逆向设计的方法来获得。正向设计是以系统工程理论、方法和过程模型为指导,面向复杂产品和系统的改进改型、技术研发和原创设计等为场景,旨在提升企业自主创新能力和设计制造一体化能力。所谓正向设计简单来说就是从概念到实物,这一过程利用绘图或建模等手段预先做出产品设计原型,然后根据原型制造产品。逆向设计是指设计师对产品实物样件表面进行数字化处理(数据采集、数据处理),并利用可实现逆向三维造型设计的软件来重新构造实物的三维CAD模型(曲面模型重构),并进一步用计算机辅助设计(CAD)/计算机辅助工程(CAE)/计算机辅助制造(CAM)系统实现设计、分析、加工的过程。

思维 导图

本项目的主要学习内容如图4-1所示。

图4-1 思维导图

任务4.1 正向设计获取3D模型

在家居生活当中,我们往往需要摆放各种植物花卉,一方面可以增添自然气息,另一方面当然是能够带给我们美的感受。众所周知,玻璃花瓶易碎,而且缺乏个性化。使用NX软件如何绘制出个性化花瓶呢?

知识目标

（1）了解NX软件特点及各应用模块功能。

（2）掌握NX软件进行正向建模的常用命令。

能力目标

（1）能够熟练进行NX软件的基本操作。

（2）能够使用NX软件完成花瓶的三维建模。

（3）能够使用NX软件完成典型机械零件的三维建模。

素质目标

（1）培养积极探索、敢于创新的精神。

（2）培养爱岗敬业、精益求精的工匠精神。

（3）树立牢固的产品质量意识。

4.1.1 正向设计软件NX简介

目前机械类三维设计软件主要有来自德国Siemens 公司的NX（UG），法国Dassault公司的Catia和Solidworks，美国PTC公司的Croe（Pro/E）和Autodesk公司的Inventor等。

NX软件是一款功能强大的三维CAD、CAM、CAE软件，其功能涵盖了从产品概念设计、三维模型设计、动态模拟与仿真、工程图输出，到生产加工成产品的全过程，应用范围涉及航空航天、汽车、船舶、通用机械等多个领域。

NX软件不仅具有强大的实体造型、曲面造型、虚拟装配和生成工程图等设计功能，而且在设计过程中可进行有限元分析、动力学分析和仿行模拟，提高设计的可靠性。同时可用建立的三维模型直接生成数控代码，用于产品加工，处理程序支持多种类型数控机床。另外，它所提供的二次开发语言简单易学，实现功能多，便于用户开发专用CAD系统。具体来说，该软件具有以下特点：

（1）具有统一的数据库，真正实现了CAD、CAM、CAE等各种模块之间数据的自由切换，可实施并行工程；

（2）采用复合建模技术，可将实体建模、曲面建模、线框建模、显示几何建模与参数化建模合为一体；

（3）用造型来设计零部件，实现了设计思想的直观描述；

（4）充分的设计柔性，使概念设计成为可能；

（5）提供了辅助设计与辅助分析的完整解决方案；

（6）图形和数据的绝对一致及工程数据的自动更新。

4.1.2　NX软件功能介绍

1.CAD 模块

本模块主要包括了NX建模应用模块、NX 外观造型设计应用模块、NX装配建模应用模块等模块，这些模块一起构成了NX软件的强大的计算机辅助设计功能。

（1）NX建模应用模块。NX零件建模应用模块是其他应用模块实现其功能的基础，由其建立的几何模型广泛应用于其他模块，包括实体建模（Solid Modeling）、特征建模（Feature Modeling）、自由形式建模（Free-Form Modeling）、同步建模（Synchronous Modeling）。

①实体建模。本模块将基于约束的特征建模和显示几何建模方法结合起来,并提供了强大的"复合建模工具"，用户可以建立传统的圆柱、立方体等实体，也可以面、曲线等二维对象，同时可以进行拉伸、旋转及布尔操作，通过各对象搭建成结果实体。

②特征建模。本模块提供了基于约束的特征建模方式，利用工程特征定义设计信息，提供了多种设计特征，如孔、槽、型腔、凸台等。所建立的实体特征可以参数化定义，其尺寸大小和位置可以编辑，大大方便了用户操作，特别是对实体修改的时候。

③自由形状建模。本模块用于建立复杂的曲面模型，提供了沿曲线扫描、蒙皮、将两个曲面光滑的连接、利用点和网格构造曲面等功能，利用这些可以建立如机翼、直气道、叶轮等复杂的工业产品。

④同步建模。同步建模技术可以与先前的建模技术（如参数化、基于历史记录建模、特征建模等）共存，可以实时检查产品模型当前的几何条件，并且将它们与设计人员添加的参数和几何约束合并在一起，以便评估、构建新的几何模型并且编辑模型，无需重复全部历史记录。实践证明，使用同步建模技术来修改模型是非常实用的，不管这些模型是从其他CAD系统输入的模型，还是非关联的、无特征的模型，或者是包含特征的本地原生NX模型。比较能体现同步建模技术优势的设计场景之一是在导入的非参数模型上进行设计工作使用同步建模命令，可以直接在已有的非参数模型上对相关的解析面进行编辑操作，例如，修改面、调整细节特征、删除面、重用面、组合面、优化面、替换圆角，以及通过添加尺寸移动面等，这样可以非常方便地更改模型，其设计效率比重新建模要高出很多。

同步建模工具位于功能区"主页"选项卡的"同步建模"组中，如图4-2所示。

（2）NX外观造型设计应用模块。NX外观造型设计应用模块为工业设计应用提供专门的设计工具，包括曲面造型设计、曲面分析和辅助实体特征设计等功能。该

图4-2　同步建模

63

模块包含初始概念阶段的基本工具，如虚拟设计的生成和可视化，以及最终生成主曲面和辅助曲面的全过程。

（3）NX装配建模应用模块。NX装配建模应用模块应用于产品的虚拟装配，不仅可以将部件组合成产品，而且还可以进行间隙分析、重量管理、在装配中进行设计等，也可以对完成装配的产品建立爆炸图，创建动画等，如图4-3所示。该应用模块提供了装配结构的快速应用，允许直接访问任何组件或子装配的设计模型，在装配的环境中工作时可以对任何组件的设计模型做改变。装配方法有自底向上装配、自顶向下装配和混合装配3种，混合装配方法是自底向上装配方法和自顶向下装配方法综合起来进行装配的方法。自底向上装配方法是比较常用的装配方法，是指先设计好装配所需要的部件，再将部件添加到装配体中，利用约束进行自底向上的逐级装配的方法。自顶向下装配方法主要用在装配过程的上、下文设计中，即在装配中参照其他零部件对当前工作部件进行设计或创建新的零部件的一种方法。在自顶向下装配中，显示部件是装配部件，工作部件是装配中的组件，对工作部件进行设计和编辑修改。

图4-3　装配建模应用模块

2.CAM 模块

本模块可以根据建立起的3D模型生成数控代码，用于产品的加工，其后处理程序支持多种类型的数控机床。CAM模块提供了众多的加工模块，如车削、可变轴铣削、固定轴铣削、切削仿真、线切割等。

NX系统提供了多种加工复杂零件的工艺过程，用户可以根据零件结构、加工表面形状和加工精度来选择合适的加工类型。在每种加工类型中包含了多个加工模板，应用各加工模板可快速建立加工操作模型。

在交互操作过程中，用户可在图形方式下交互编辑刀具路径，观察刀具的运动过程，生成刀具位置源文件。同时应用其可视化功能，可以在屏幕上显示刀具轨迹，模拟刀具的真实切削过程，并通过检查，检测相关参数设置的正确性。

NX提供了强大的默认加工环境，也允许用户自定义加工环境，选择合适的加工环境。用户在创建加工操作的过程中，可继承加工环境中已定义的参数，不必在每次创建新操作时重新定义，从而提高工作效率，避免重复劳动。

3.CAE 模块

工程分析模块，又包含以下3个常用子模块。

（1）结构分析模块。该模块能将几何模型转换为有限元模型，可以进行线性静力分析、标准模态与稳态热传递分析和线性屈曲分析，同时还支持对装配部件（包括间隙单元）的分析，分析结果可用于评估、优化各种设计方案，提高产品质量。

（2）运动分析模块。该模块可对任何三维或二维机构进行运动学分析、动力学分析以及设计仿真，可以完成大量的装配分析，如干涉检查、轨迹包络等。交互的运动学模式允许用户同时控制运动副分析反作用力，并用图表示各构件间位移、速度、加速度的相互关系，同时反作用力可输出到有限元分析模块中。

（3）注塑流动分析模块。使用该模块可以帮助模具设计人员确定注塑模的设计是否合理，可以检查出不合适的注塑模几何体并予以修正。

（1）依次执行"菜单"→"文件"→"新建"命令，或单击"主页"选项卡，选择"标准"组中的"新建"图标，弹出"新建对话框"，选择"模型"类型，创建新部件，名称为"花瓶"，进入建模界面，开始零件的建模。

（2）依次执行"菜单"→"插入"→"草图"命令，或是单击"主页"选项卡中的"草图"图标，系统弹出"创建草图"对话框，如图4-4所示，选择XOY[①]平面，单击"确定"按钮，进入草图绘制界面。

（3）依次执行"菜单"→"插入"→"草图曲线"→"多边形"命令，或者单击"主页"选项卡，选择"直接草图"组中的"多边形"图标，弹出"多边形"对话框，如图4-5所示。中心点选择坐标原点，边数为6，"大小"选项单击下拉菜单，选择"内切圆半径"，半径设置为66 mm，旋转角度为0°，单击"关闭"按钮，得到正六边形，如图4-6所示，而后进行圆角，圆角半径设置为26 mm，完成草图。

图4-4 "创建草图"对话框

图4-5 "多边形"对话框

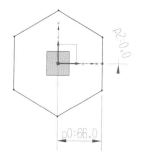
图4-6 草图1

（4）依次执行"菜单"→"插入"→"基准/点"→"基准平面"命令，或者单击"主页"选项卡，选择"特征"组中的"基准平面"图标，系统弹出"基准平面"对话框，如图4-7所示，类型栏单击下拉菜单，选择"按某一距离"，"平面参考"选择XOY面，偏置距离为116 mm，单击"确定"按钮，完成基准平面1的创建，如图4-8所示。

---

① 依据出版规范，书中出现的坐标轴应为斜体形式，但与文字对应的软件因无法修改，故保留了图片中的正体形式。后面正文中出现的同类问题均是做了此类处理。

（5）依次执行"菜单"→"插入"→"草图"命令，或是单击"主页"选项卡中的"草图"图标，系统弹出"创建草图"对话框，选择上一步创建的基准平面1，单击"确定"按钮，进入草图绘制界面。

（6）依次执行"菜单"→"插入"→"草图曲线"→"圆"命令，或者单击"主页"选项卡，选择"直接草图"组中的"圆"图标，绘制圆心为（0,0），直径为66 mm的圆，如图4-9所示。

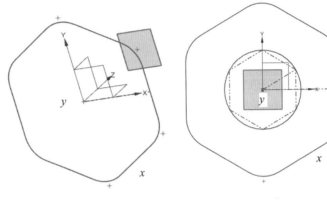

图4-7 "基准平面"对话框   图4-8 基准平面1   图4-9 草图2

（7）依次执行"菜单"→"插入"→"草图曲线"→"多边形"命令，或者单击"主页"选项卡，选择"直接草图"组中的"多边形"图标，弹出"多边形"对话框，中心点选择草图原点，边数为6，大小选项单击下拉菜单，选择"外接圆半径"，半径33 mm，旋转角度为0°，单击"关闭"按钮，完成多边形的绘制。最后单击多边形，单击鼠标右键，选择"转换为参考"，将多边形转换为参考曲线。单击左上角"完成"按钮，退出草图任务，如图4-9所示。

（8）同步骤（4），创建基准平面，距离*XOY*面216 mm，如图4-10所示，单击"确定"，完成基准平面2的创建，如图4-11所示。

（9）依次执行"菜单"→"插入"→"草图"命令，或是单击"主页"选项卡中的"草图"图标，系统弹出"创建草图"对话框，选择上一步创建的基准平面2为草绘平面，单击"确定"按钮，进入草图绘制界面。

（10）依次执行"菜单"→"插入"→"草图曲线"→"多边形"命令，或者单击"主页"选项卡，选择"直接草图"组中的"多边形"图标，弹出"多边形"对话框。中心点选择草图原点，边数为6，大小选项单击下拉菜单，选择"内切圆半径"，半径50 mm，旋转角度为0°，单击"关闭"按钮，得到正六边形，而后进行圆角，圆角半径设置为16 mm，单击左上角"完成"按钮，完成草图3的绘制，如图4-12所示。

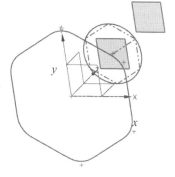

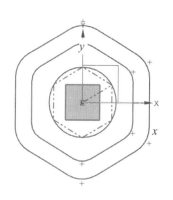

图4-10 "基准平面"对话框　　　　图4-11 基准平面2　　　　图4-12 草图3

（11）依次执行"菜单"→"插入"→"圆弧/圆"命令，或者单击"曲线"选项卡，选择"曲线"组中的"圆弧/圆"图标，弹出"圆弧/圆"对话框，如图4-13所示，类型选择"三点画圆弧"，圆弧"起点"选择草图3中倒圆角的正六边形下方圆角的中点，圆弧端点选择草图1中倒圆角的正六边形左上方圆角的中点，圆弧中点选择草图2中正六边形左下角顶点，单击"确定"，完成圆弧绘制，如图4-14所示。

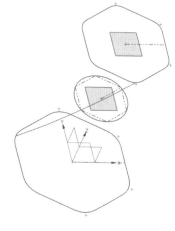

图4-13 "圆弧"对话框　　　　　　图4-14 圆弧

（12）依次执行"菜单"→"插入"→"关联复制"→"阵列特征"命令，或者单击"主页"选项卡，选择"特征"组中的"阵列特征"图标，弹出"阵列特征"对话框，如图4-15所示，"要形成阵列的特征"选择上一步绘制的圆弧曲线，阵列定义中"布局"下拉菜单选择"圆形"，旋转轴设置为Z轴，"间距"下拉菜单选择"数量和间隔"，数量设置为6个，节距角设置为60°，单击"确定"按钮，完成圆弧曲线的阵列，如图4-16所示。

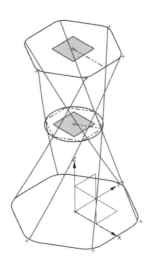

图4-15 "阵列特征"对话框　　　　图4-16 阵列圆弧

（13）依次执行"菜单"→"插入"→"网格曲面"→"通过曲线网格"命令，或者单击"主页"选项卡，选择"曲面"组中的"通过曲线网格"图标，弹出"通过曲线网格"对话框，如图4-17所示。主曲线1选择草图1内的倒圆角的正六边形，主曲线2选择草图2内的圆，主曲线3选择草图3内的倒圆角的正六边形。交叉曲线依次选取圆弧曲线，选择的第一条交叉曲线最后要重复选取一次，即共7条交叉曲线。体类型选择"实体"，单击"确定"，完成命令，生成如图4-18所示的实体模型。

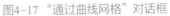

图4-17 "通过曲线网格"对话框　　　图4-18 实体模型

"通过曲线网格"命令注意事项：

①选择主曲线（主曲线可以是点、直线、曲线），需要有方向性，如果有多条主曲

线时，要保持主曲线方向一致，需要时可以单击"反向"按钮。

②在选择第一条交叉曲线时，其原点要对应第一条主曲线原点，其他交叉曲线要尽量保持方向一致。

③在选择主曲线与交叉曲线时，往往需要多个主曲线和交叉曲线，需要在选择一个主曲线或交叉曲线后，先单击鼠标中键，或单击"添加新集"按钮，然后再继续选择下一条主曲线或交叉曲线。

（14）依次执行"菜单"→"插入"→"偏置/缩放"→"抽壳"命令，或者单击"主页"选项卡，选择"特征"组、设计特征下拉菜单中的"抽壳"图标，系统弹出"抽壳"对话框，如图4-19所示。单击下拉菜单，选择"打开"，鼠标单击"选择面"，用鼠标选择零件的上端面，"厚度"设置为3 mm，"备选厚度"栏中单击"选择面"，用鼠标选择零件的下端面，"厚度"设置为36 mm，单击"确定"按钮，完成抽壳，生成实体模型，如图4-20所示（调节透明度后的抽壳效果）。

图4-19 "抽壳"对话框　　　　　　图4-20 抽壳后实体模型

（15）依次执行"菜单"→"插入"→"修剪"→"拆分体"命令，或者单击"主页"选项卡，选择"基本"组、更多菜单中的"拆分体"图标，系统弹出"拆分体"对话框，如图4-21所示。单击"选择体"后，用鼠标选择零件，"工具选项"一栏，单击下拉菜单，选择"新建平面"，单击"指定平面"后，用鼠标选择零件下端面，距离设置为32 mm，方向调整为竖直向上，单击"确定"按钮，完成拆分体功能，此时将零件拆分为上下两部分，如图4-22所示，以便后续对下部分进行点阵化设计。

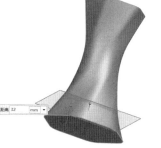

图4-21 拆分体

（16）依次执行"菜单"→"插入"→"设计特征"→"晶格"命令，或者单击"增材制造设计"选项卡，选择"晶格"组的"晶格"图标，如图4-22所示，系统弹出"晶格"对话框，如图4-23所示。单击下拉菜单，选择"四面体填充"，单击"选择体"后，用鼠标选择零件下部分，"基本网格"下拉菜单中选择"使用现有的"，"最大杆长度"设置为16 mm，"杆径"设置为1 mm，"细分因子"设置为0.3，单击"确定"按钮，完成晶格的功能，将下半部分做点阵化结构设计。

图4-22　打开晶格命令　　　　图4-23　晶格设置　　　　图4-24　渲染效果图

（17）设计完成后对零件赋予材质，进行渲染，预览设计效果，如图4-24所示。在设计过程中，可对零件进行修改，直至达到满意程度，完成花瓶的正向设计，以便进行后续的3D打印。

提示：

使用NX软件进行零件的点阵化结构设计时，在"晶格"中还可以选择"单位填充"，在晶格类型中根据不同的外观样式、填充率及刚度等需求选择不同的晶格类型，如图4-25所示，也可以把自己设计结构作为晶格类型。另外，如果产生的点阵结构超出了目标体的边界，可以通过"晶格"命令对话框中的"边界修剪"中的相关命令进行相应的修剪，如图4-26所示。

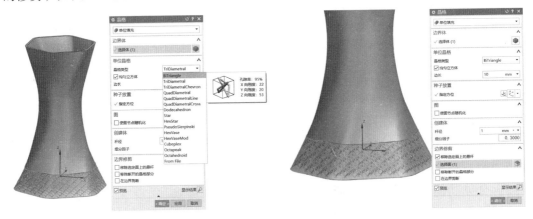

图4-25　晶格类型　　　　　　　　　　图4-26　晶格边界修剪

任务4.2　逆向设计获取3D模型

任务导入

　　随着游戏设备硬件的升级换代和玩家对软件、硬件需求的不断提高，越来越多的玩家希望能够在玩手机游戏时使用游戏手柄，鉴于此种情况，某商家的牛角游戏手柄已经不能满足玩家的需求，商家决定在现有产品的基础上进行部分结构改进。在使用三维扫描装置，高精度完成给定牛角游戏手柄外观各面的三维扫描，并且对获得的点云进行数据处理以后，请问如何对牛角游戏手柄外观进行逆向建模，为后续的创新设计以及制造提供三维模型？

任务目标

知识目标

（1）了解逆向工程的工作流程及应用。

（2）掌握Geomagic Design X 软件的主要功能和基本操作。

能力目标

（1）能够熟练使用Geomagic Design X 软件常用的操作命令。

（2）能够使用Geomagic Design X 进行牛角游戏手柄的数模重构。

素质目标

（1）培养积极进取、敢于创新、追求极致的工匠精神。

（2）培养综合分析问题、解决问题的工程意识。

（3）树立产品的效益意识。

知识准备

4.2.1　逆向工程简介

1. 逆向工程的工作流程

　　（1）数据扫描。通过特定的测量方法和设备，将物体表面形状转化成几何空间坐标点，从而得到逆向建模以及尺寸评价所需数据的过程。目前，扫描数据的获取主要通过三维测量技术实现，通常采用三维激光扫描仪、结构光测量仪、三坐标测量机等来获取点云数据。

（2）数据处理。通过软件对点云数据进行坐标变化、点云降噪、顺滑、优化、简化等预处理，为曲面重构提供有用的三角面片模型或特征点、线、面。

（3）三维模型重构。通过逆向软件，在获取了处理好的测量数据后，根据实物样件的特征重构出三维模型的过程。逆向软件一般可以采用Geomagic Design X、NX、Catia等专业软件对获得的三角网格面数据进行处理。可采用包括面片拟合，截面创建，曲线提取等诸多特征提取方式，模型也可以进行创新设计、优化设计等。

（4）模型制造。通过增材制造技术、数控加工技术、模具制造技术等方法，将设计的模型加工成产品。

2. 逆向工程技术应用

逆向工程技术为产品的改进设计提供了方便、快捷的工具，缩短了产品开发周期，使企业适应小批量、多品种的生产要求，从而在激烈的市场竞争中处于有利的地位，对我国企业缩小与发达国家企业的差距具有特别重要的意义。

逆向工程技术可用于产品的仿制（如艺术品、文物的复制等）、产品的设计改进以及创新设计等几方面。

利用逆向工程技术进行改进设计，可在国内外先进产品的基础上，进行结构性能分析、设计模型重构，再设计优化与制造，吸收并改进国内外先进的产品和技术，可极大地缩短产品开发周期，有效地占领市场。

利用逆向工程技术进行创新设计，可在飞机、汽车等行业中应用，这些产品中有复杂的自由曲面，在产品的设计和制造过程中，通常先设计出概念图，然后以油泥、黏土模型或木模代替3D-CAD设计，然后利用测量设备测量产品外形数据，构造CAD模型，在此基础上进行设计，最终制造出产品。

4.2.2 Geomagic Design X 软件介绍

1.Geomagic Design X 特点简介

Geomagic Design X 是能够以三维（3D）扫描数据为基础，快速、准确且可靠地创建实体、曲面和面片，创建复杂的混合三维模型的逆向工程软件，带有完整设计历史记录的参数模型可直接传输到常用 CAD 软件。

Geomagic Design X是目前行业功能全面的逆向工程软件，其特点如下：

（1）可以通过最简单的方式由3D扫描仪采集的数据创建出可编辑的、基于特征的 CAD 数模，并将它们集成到现有的工程设计流程中，可以缩短从研发到完成设计的时间；

（2）具有强大的点云和三角面片处理功能，平台能够支持更大的数据量；

（3）能直接使用三角面片生成后续建模所需的曲线和曲面，例如自动草图、最大轮廓、拉伸到领域、圆角估算等功能；

（4）可以提升 CAD 工作环境，将原始数据导出到NX、SolidWorks、Catia等工程软件中；

（5）一步生成优质面片，可直接将面片模型输入到 CAE 和 CAM 软件中，进行逆向工程或制造。

2.Geomagic Design X 的数模重构流程

Geomagic Design X 数模重构是在前期点云数据处理的基础上，通过拖动基准平面与数据模型相交获取特征草图后利用拉伸、旋转，面片拟合等操作命令创建出实体模型。具体操作流程如下：首先，根据模型表面的曲率设置合适的敏感度将模型自动分割成多个特征领域或手动划分特征领域；其次，根据原始设计意图对模型特征进行识别，规划出建模流程；在掌握设计意图的基础上，通过定义和拖动基准面改变其与模型相交的位置来获取模型特征草图，并利用草图工具进行草图拟合，精准还原模型局部特征的二维平面草图；最后，通过常用的三维建模工具创建出与原物模型吻合的实体模型。

3.Geomagic Design X 软件数模重构的主要命令

Geomagic Design X建模模块的主要命令如下所列。

（1）草图模块的操作命令。草图模块包括设置、绘制、工具、阵列、正接的约束条件、一致的约束条件和再创建样条曲线7个操作组，如图4-27所示。

图4-27 草图模块

①面片草图。先通过定义基准平面截取模型的截面轮廓多段线，再利用草图工具拟合绘制二维草图。

②草图。与常规的CAD软件草图绘制类似，通过直线、圆、样条曲线等绘制命令进行草图绘制。

③自动草图。软件自动从多段线处提取直线和圆弧，以创建完整、受约束的草图轮廓。

④智能尺寸。将精确尺寸标注到草图中，如距离、角度、半径等。

（2）模型模块的操作命令。模型模块包括创建实体、创建曲面、向导、参考几何图形、编辑、拟合、阵列、体/面8个操作组，如图4-28所示。

图4-28 模型模块

①拉伸：根据草图和方向创建实体或曲面，可进行单向或双向拉伸，且可通过输入具体数值或选择到达条件定义尺寸。

②回转：使用草图和轴来创建回转实体或曲面。

③放样：通过至少两个封闭的轮廓，按照轮廓的选择顺序将其互相连接或作为向导曲线，新建放样实体或曲面。

④扫描：将草图作为输入，通过选取路径和轮廓，沿路径拉伸轮廓，创建扫描实体或曲面。

⑤基础实体/曲面：快速从带有领域的面片中提取简单的实体或曲面几何对象。

⑥面片拟合：将面片拟合到所选单元面或领域上。

⑦切割：用曲面或平面对实体进行切割，可手动选择实体保留部分。

⑧布尔运算：对多个实体进行求和、求差、求交的运算，即进行将多个部分合并成一个整体、用一个实体切割另一个实体、保留多个部分的重叠区域等操作，以便得到所需的实体模型。

⑨剪切曲面：使用曲面、实体或曲线对目标曲面进行剪切。

⑩延长曲面：延长曲面体的边界，可以选择单个曲面边线或整个曲面来延长曲面的开放边界。

注意：

创建实体和创建曲面操作中均包含了拉伸、回转、放样和扫描功能，其区别在于通过相应命令生成的是体还是面，在选用命令的时候要注意区分。

（3）3D草图模块的操作命令。3D草图模块包含3D面片草图和3D草图两个模式，处理对象可以是面片和实体，包括设置、绘制、编辑、创建/编辑曲面片网络、结合、再创建6个操作组，如图4-29所示。

图4-29　3D草图模块

在3D草图模式下，可以创建样条曲线、断面曲线和境界曲线；在3D面片草图模式下，也可以构建上述曲线，区别在于其创建的曲线在面片上。在3D面片草图模式下还可以创建、编辑补丁网络，通过补丁网络拟合NUBRS曲面，这与曲面创建模块中的补丁网格功能相同。3D草图模式下创建的曲线保存在3D草图中，3D面片草图模式下创建的曲线保存在3D面片草图中。

①样条曲线：通过插入控制点，在面片上或自由的3D空间创建一条过控制点的3D样条曲线，可用于创建曲线网格或作为拟合曲面的边界，也可用于创建路径以便进行扫描或放样。

②境界：选择面片的部分或完整边界，创建为曲线。在3D草图模式和3D面片草图模式下都有效。境界命令可用于创建扫描或放样的路径，以提取形状不规则的边界。

（1）选择菜单栏中的"初始"选项卡中的"导入"命令，在系统弹出的"导入"对话框中选择手柄文件（.stl格式），单击"仅导入"按钮，完成导入命令，如图4-30所示。

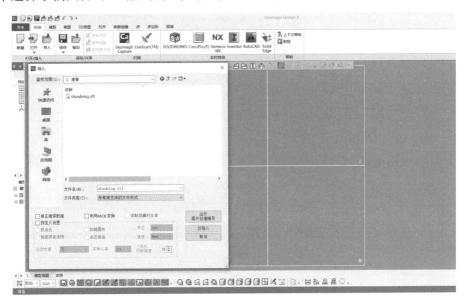

图4-30　导入零件数据

（2）使用"领域"功能，结合零件的结构特征进行领域的划分，如图4-31（正面）、图4-32（背面）、图4-33（侧面）所示。

图4-31　领域划分正面

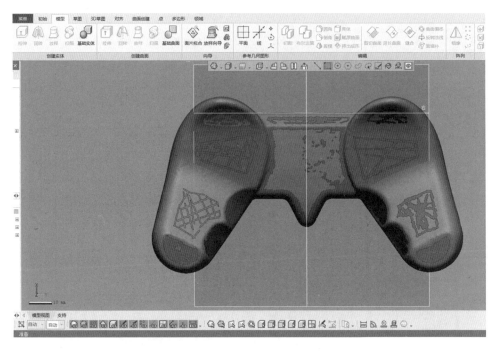

图4-32　领域划分背面

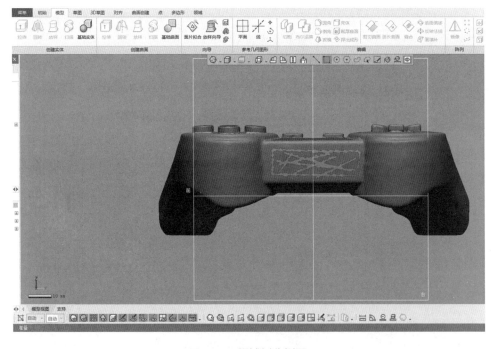

图4-33　领域划分侧面

提示:

在使用手动划分时,可用"画笔选择"模式以网状形式进行划分,这样使用"面片拟合"能得到史光顺的效果。其主要原因是由于扫描得到的数据都存在噪点,点与点之间存在小段差,把采点的距离拉开,所生产的曲面就能更光顺。

（3）单击"草图"选项卡中的"面片草图"图标，弹出"面片草图的设置"对话框，"基准平面"选择前平面，参数设置如图4-34所示，确定后进入草图绘制面板，绘制2D草图，如图4-35所示。

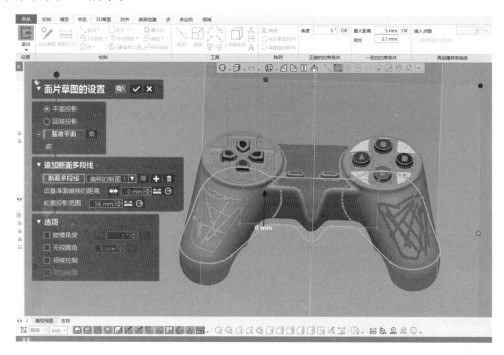

图4-34　面片草图的设置

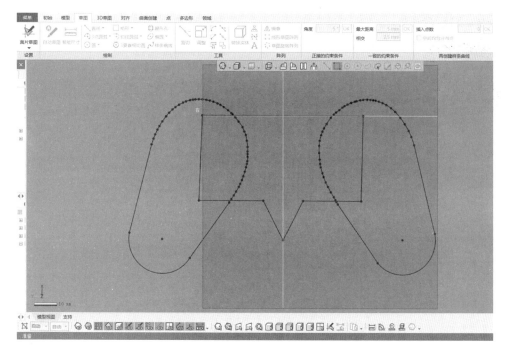

图4-35　草图绘制

（4）单击"模型"选项卡中"创建实体"操作组的"拉伸"图标，弹出"拉伸"对话框，"基准草图"选择步骤（3）草图中的相应轮廓，参数设置如图4-36、图4-37所示，生成拉伸1和拉伸2。

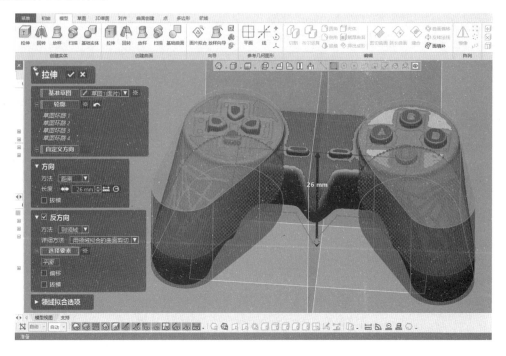

图4-36　拉伸1

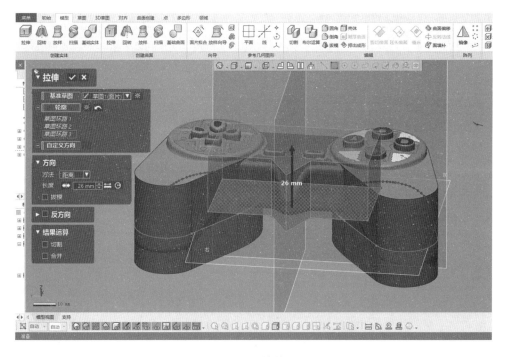

图4-37　拉伸2

（5）单击"模型"选项卡中"创建曲面"操作组的"基础曲面"图标，弹出"曲面的几何形状"对话框，如图4-38所示。选择"手动提取"，"领域"选取图中高亮领域，"创建形状"中选择"圆柱"，生成圆柱1，同样方法得到另一侧的圆柱2，如图4-39所示。

图4-38　提取圆柱面

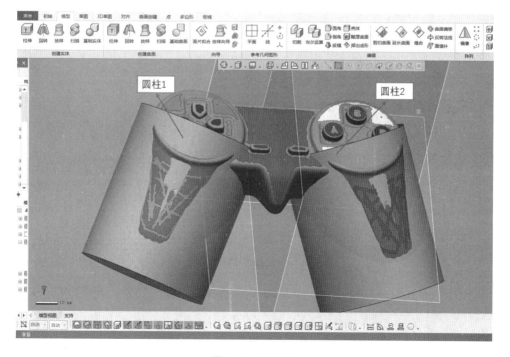

图4-39　圆柱面

（6）单击"模型"选项卡中"编辑"操作组的"切割"图标，弹出的"切割"对话框，如图4-40所示，"工具要素"选择步骤（5）创建的两个圆柱面，"对象体"选择步骤（4）中的拉伸体1，保留圆柱面以内的部分，完成切割。

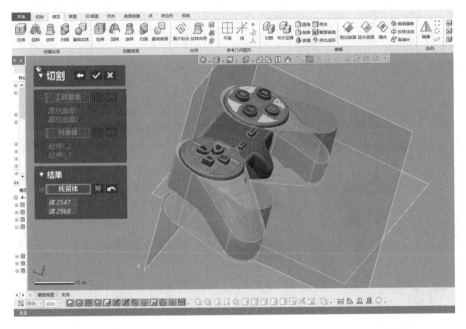

图4-40　切割

（7）单击"模型"选项卡中"创建曲面"操作组的"基础曲面"图标，弹出"曲面的几何形状"对话框，如图4-41所示。选择"手动提取"，"领域"选取图中高亮领域，"创建形状"中选择"平面"，得到平面1，如图4-44所示。

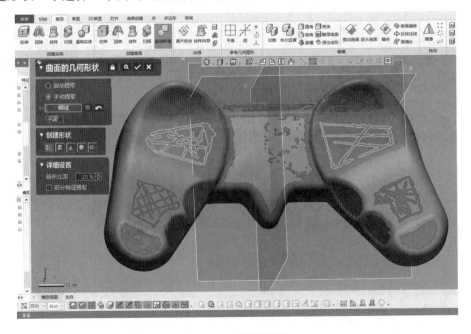

图4-41　提取平面

（8）单击"模型"选项卡中"创建曲面"操作组的"基础曲面"图标，弹出"曲面的几何形状"对话框，如图4-42所示。选择"手动提取""领域"选取图中高亮领域，"创建形状"中选择"圆柱"，得到圆柱面3，同样方法得到另外一侧圆柱面4，如图4-44所示。

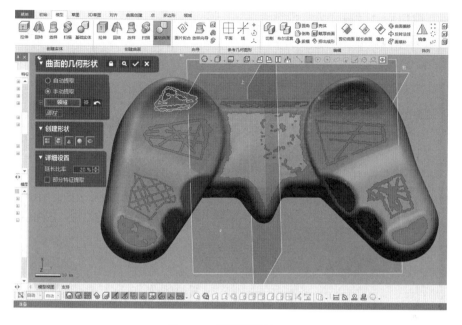

图4-42 提取圆柱面3、4

（9）单击"模型"选项卡中"创建曲面"操作组的"基础曲面"图标，弹出"曲面的几何形状"对话框，如图4-43所示。选择"手动提取""领域"选取图中高亮领域，"创建形状"中选择"圆柱"，得到圆柱曲面5，同样方法得到另一侧的圆柱曲面6，如图4-44所示。

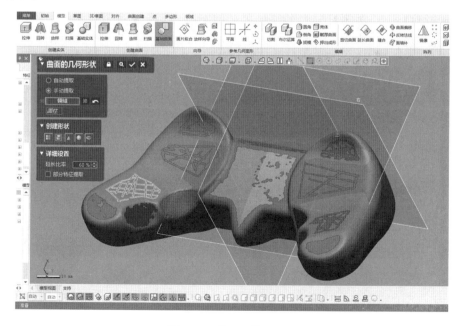

图4-43 提取圆柱面5、6

（10）提取的平面1以及圆柱面3、4、5、6，如图4-44所示。

（11）单击"模型"选项卡中"编辑"操作组的"剪切曲面"图标，弹出"剪切曲面"对话框，"工具要素"选择步骤（7）至步骤（10）中提取的平面1以及圆柱面3、4、5、6，相互剪切后，得到剪切曲面，如图4-45所示。

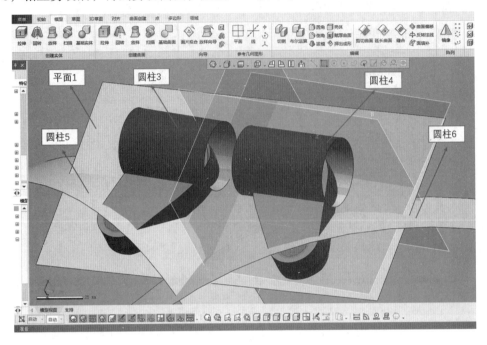

图4-44 平面及圆柱面

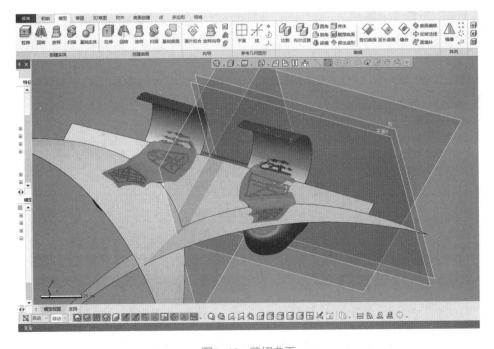

图4-45 剪切曲面

（12）单击"模型"选项卡中"编辑"操作组的"切割"图标，弹出"切割"对话框，如图4-46所示，"工具要素"选择步骤（11）中剪切曲面，"对象体"选择步骤（6）完成的切割体，进行切割，删除拉伸时多余的部分。

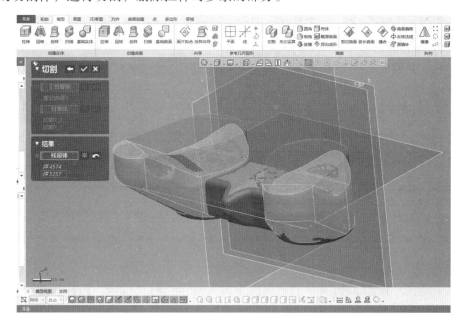

图4-46 切割

（13）单击"草图"选项卡中的"面片草图"图标，弹出"面片草图的设置"对话框，"基准平面"选择前平面，参数设置如图4-47所示，确定后，进行2D面片草图的绘制，如图4-48所示。

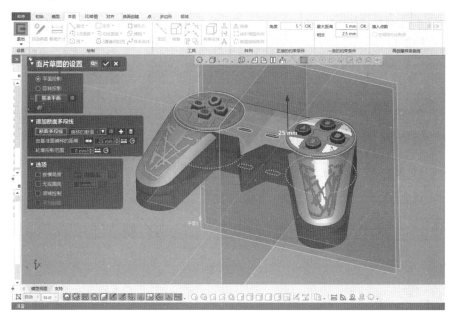

图4-47 面片草图的设置

图4-48　2D面片草图

（14）单击"模型"选项卡中"创建实体"操作组的"拉伸"图标，弹出"拉伸"对话框，如图4-49所示，"基准草图"选择步骤（13）中所绘2D面片草图，得到拉伸体。

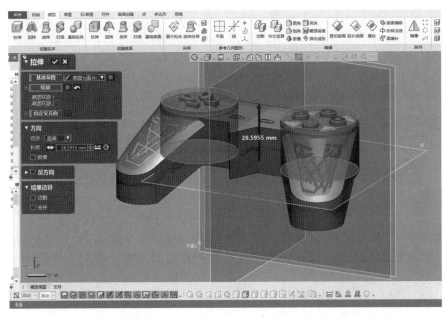

图4-49　拉伸

（15）单击"模型"选项卡中"创建曲面"操作组的"基础曲面"图标，弹出"曲面的几何形状"对话框，如图4-50所示，选择"手动提取"，"领域"选择图中高亮领域，"创建形状"中选择"球"，得到球面1，同样方法得到另一侧球面2，如图4-51所示。

图4-50　提取球面

（16）单击"模型"选项卡中"编辑"操作组的"切割"图标，弹出"切割"对话框，如图4-51所示，"工具要素"选择步骤（15）中提取的球面1和球面2，"对象体"选择步骤（14）中的拉伸体，删除拉伸的上部分。

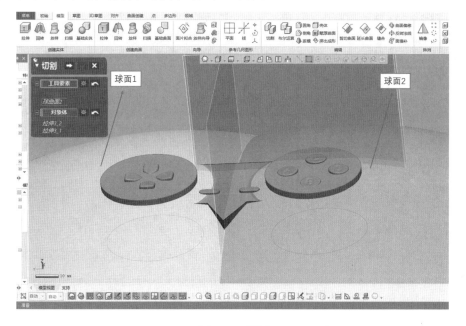

图4-51　切割

（17）单击"草图"选项卡中的"面片草图"图标，弹出"面片草图的设置"对话框，"基准平面"选择上平面，确定后绘制2D面片草图，如图4-52所示。

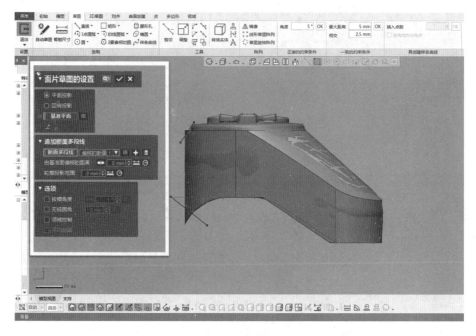

图4-52　2D面片草图

（18）单击"模型"选项卡中"创建曲面"操作组的"拉伸"图标，弹出"拉伸"对话框，如图4-53所示，"基准草图"选择步骤（17）所绘2D面片草图，得到拉伸面。

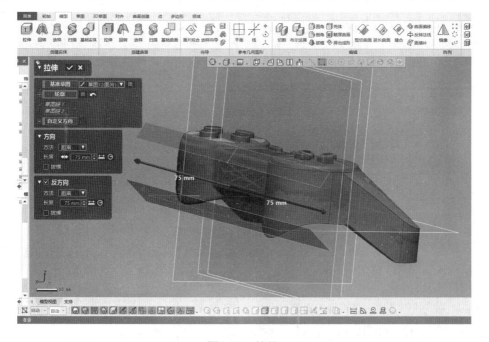

图4-53　拉伸

（19）单击"模型"选项卡中的"切割"图标，弹出"切割"对话框，如图4-54所示，"工具要素"选择步骤（18）中拉伸面5，"对象体"选择步骤（12）切割后的实体，进行切割，保留手柄把手的主体部分。

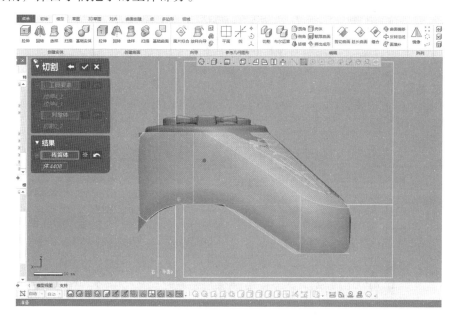

图4-54 切割

（20）单击"模型"选项卡中"编辑"操作组的"圆角"图标，在弹出的"圆角"对话框中选择"可变圆角"，圆角位置及参数设置如图4-55所示。

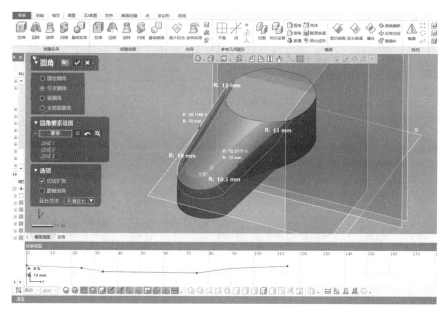

图4-55 可变圆角

（21）单击"模型"选项卡中"编辑"操作组的"圆角"图标，在弹出的"圆角"对话框中选择"固定圆角"，圆角位置及参数设置如图4-56、图4-57、图4-58所示。

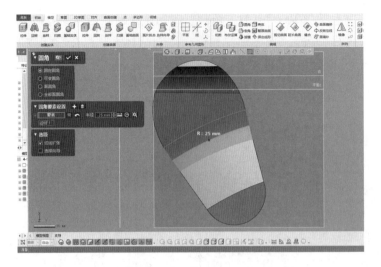

图4-56　固定圆角1

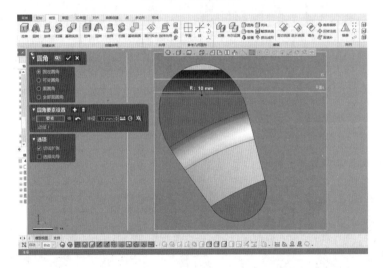

图4-57　固定圆角2

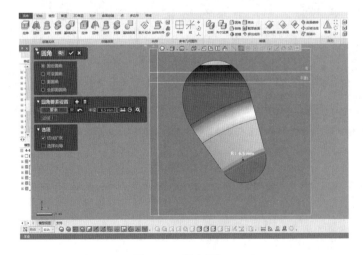

图4-58　固定圆角3

（22）单击"模型"选项卡中"创建曲面"操作组的"基础曲面"图标，弹出"曲面的几何形状"对话框，如图4-59所示，选择"手动提取"，"领域"选择图中高亮领域，"创建形状"中选择"圆柱"，生成圆柱面7，如图4-61所示。

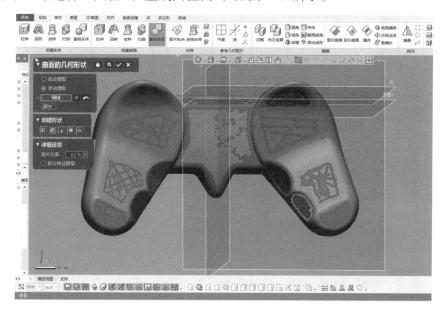

图4-59　提取圆柱面1

（23）单击"模型"选项卡中"创建曲面"操作组的"基础曲面"图标，弹出"曲面的几何形状"对话框，如图4-60所示，选择"手动提取"，"领域"选择图中高亮领域，"创建形状"中选择"圆柱"，生成圆柱面8，如图4-61所示。

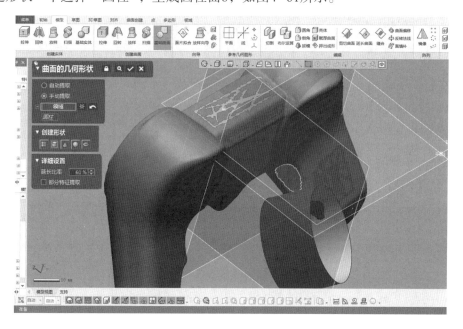

图4-60　提取圆柱面2

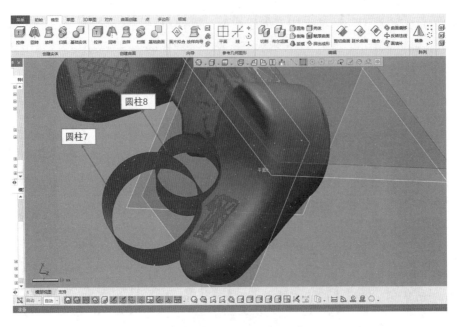

图4-61 圆柱面

（24）单击"模型"选项卡中"编辑"操作组的"切割"图标，弹出"切割"对话框，如图4-62所示，"工具要素"选择步骤（22）的圆柱面7和步骤（23）的圆柱面8，"对象体"选择步骤（21）圆角后的实体，进行切割，保留手柄把手的主体部分。

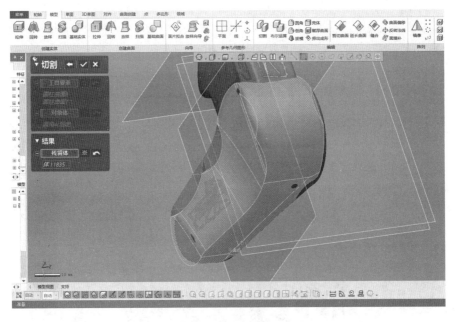

图4-62 切割

（25）单击"模型"选项卡中"编辑"操作组的"圆角"图标，在弹出的"圆角"对话框中选择"固定圆角"，圆角位置及参数设置如图4-63、图4-64、图4-65所示。

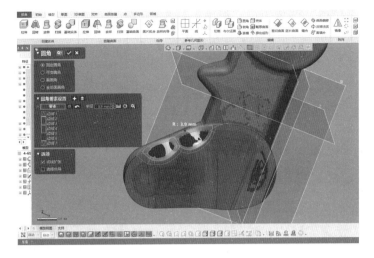

图4-63　固定圆角1

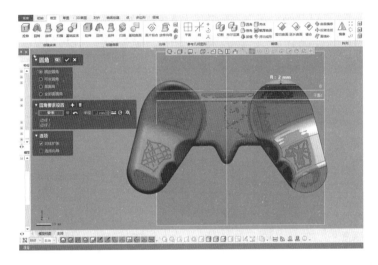

图4-64　固定圆角2

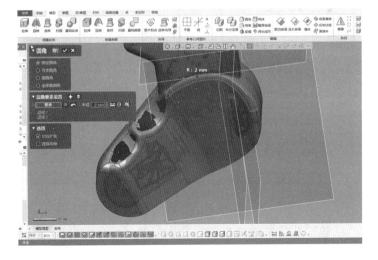

图4-65　固定圆角3

（26）单击"模型"选项卡中"编辑"操作组的"圆角"图标，在弹出的"圆角"对话框中选择"可变圆角"，圆角位置及参数设置如图4-66所示。

（27）单击"模型"选项卡中"编辑"操作组的"圆角"图标，在弹出的"圆角"对话框中选择"固定圆角"，圆角位置及参数设置如图4-67所示。

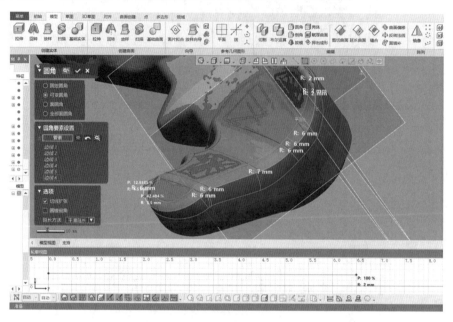

图4-66　可变圆角

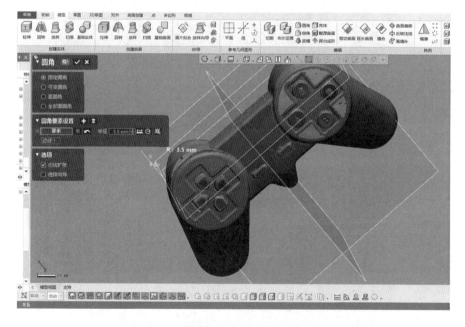

图4-67　固定圆角

（28）单击"模型"选项卡中"编辑"操作组的"布尔运算"图标，在弹出的"布尔运算"对话框中，"操作方法"选择"合并"，"工具要素"选择步骤（27）圆角后的实体和步骤（16）切割后的实体，如图4-68所示。

（29）单击"模型"选项卡中"编辑"操作组的"圆角"图标，在弹出的"圆角"对话框中选择"固定圆角"，圆角位置及参数设置如图4-69所示。

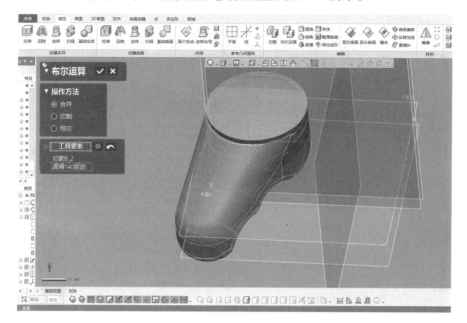

图4-68　合并

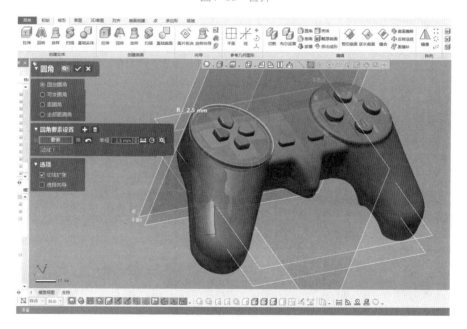

图4-69　固定圆角

（30）采用以上相同的方法完成手柄另一侧把手的建模。

（31）单击"模型"选项卡中"编辑"操作组的"圆角"图标，在弹出的"圆角"对话框中选择"固定圆角"，圆角位置及参数设置如图4-70、图4-71所示。

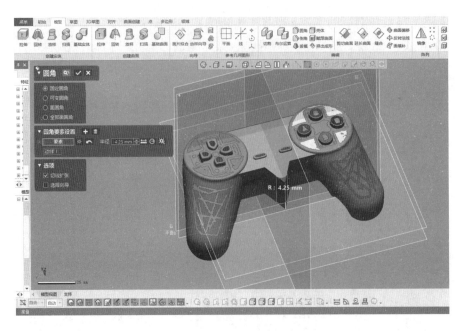

图4-70　固定圆角1

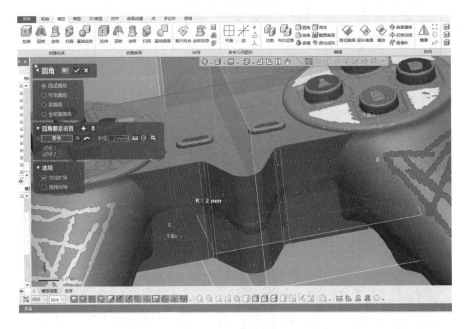

图4-71　固定圆角2

（32）单击"模型"选项卡中"向导"操作组的"面片拟合"图标，弹出"面片拟合"对话框，如图4-72所示，"领域"选择图中高亮领域，得到面片拟合1，如图4-76所示。

（33）单击"模型"选项卡中"向导"操作组的"面片拟合"图标，弹出"面片拟合"对话框，如图4-73所示，"领域"选择图中高亮领域，得到面片拟合2，如图4-76所示。

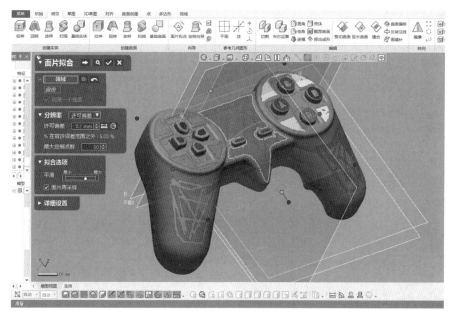

图4-72 面片拟合1

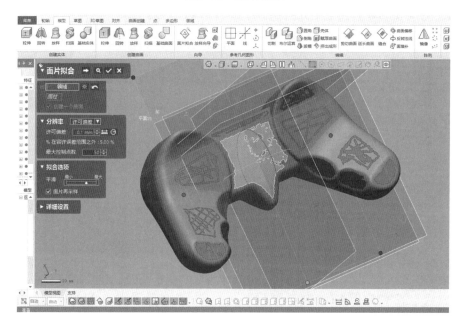

图4-73 面片拟合2

（34）单击"模型"选项卡中"向导"操作组的"面片拟合"图标，弹出"面片拟合"对话框，如图4-74所示，"领域"选择图中高亮领域，得到面片拟合3，如图4-76所示。

（35）单击"模型"选项卡中"向导"操作组的"面片拟合"图标，弹出"面片拟合"对话框，如图4-75所示，"领域"选择图中高亮领域，得到面片拟合4，如图4-76所示。

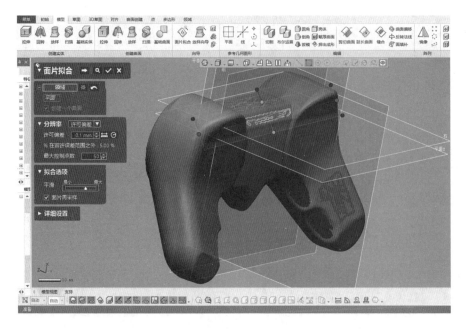

图4-74　面片拟合3

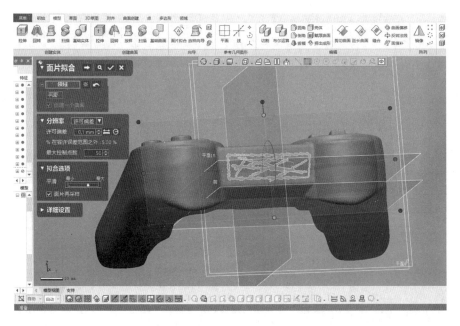

图4-75　面片拟合4

（36）单击"模型"选项卡中"编辑"操作组的"剪切曲面"图标，弹出的"剪切曲面"对话框，如图4-76所示，"工具要素"选择步骤（32）至步骤（35）所拟合的面片，进行相互剪切，得到剪切曲面5。

（37）单击"模型"选项卡中"编辑"操作组的"切割"图标，弹出的"切割"对话框，如图4-77所示，"工具要素"选择步骤（36）剪切后的曲面，"对象体"选择手柄中间的拉伸体，保留手柄中间的主体部分。

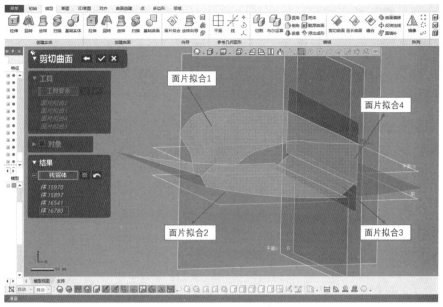

图4-76　剪切曲面

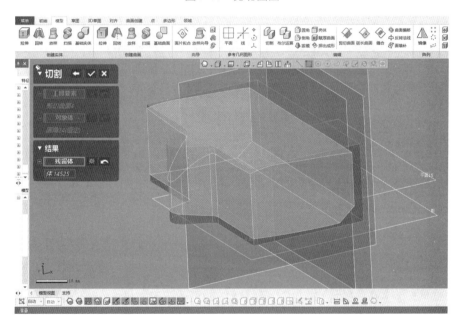

图4-77　切割

（38）单击"模型"选项卡中"编辑"操作组的"圆角"图标，在弹出的"圆角"对话框中选择"固定圆角"，圆角位置及参数设置如图4-78、图4-79、图4-80所示。

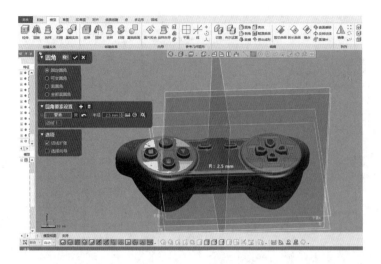

图4-78　固定圆角1

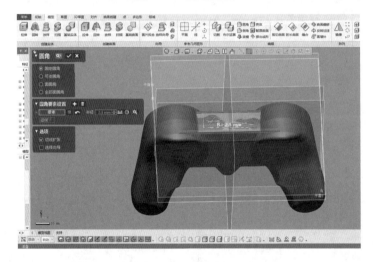

图4-79　固定圆角2

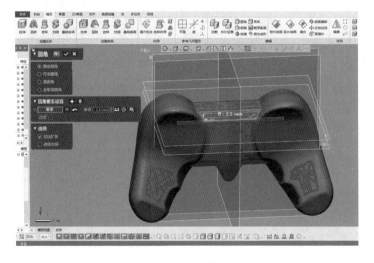

图4-80　固定圆角3

（39）单击"模型"选项卡中"编辑"操作组的"圆角"图标，在弹出的"圆角"对话框中选择"固定圆角"，圆角位置及参数设置如图4-81所示。

（40）单击"模型"选项卡中"编辑"操作组的"圆角"图标，在弹出的"圆角"对话框中选择"可变圆角"，圆角位置及参数设置如图4-82所示。

图4-81　固定圆角4

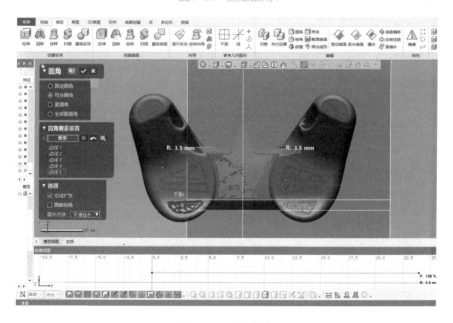

图4-82　可变圆角

（41）单击"模型"选项卡中"编辑"操作组的"布尔运算"图标，在弹出的"布尔运算"对话框中的"操作方法"选择"合并"，"工具要素"选择全部实体，如图4-83所示。

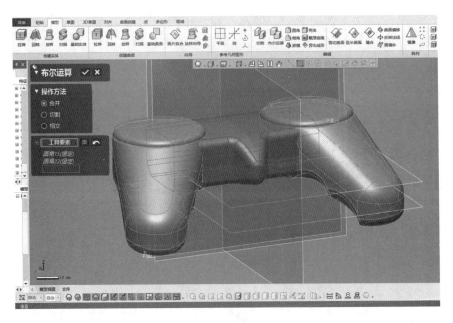

图4-83　合并

（42）单击"草图"选项卡中的"面片草图"图标，弹出"面片草图的设置"对话框，"基准平面"选择前平面，确定后进入草图绘制面板，绘制2D草图，包括按钮轮廓和凹陷区域轮廓，如图4-84所示。

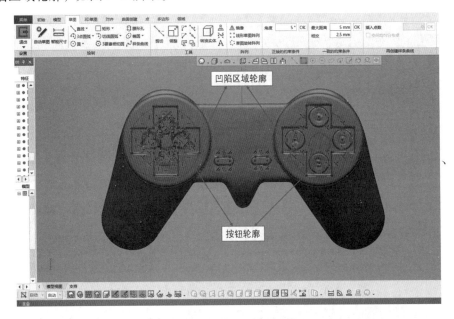

图4-84　面片草图

（43）单击"模型"选项卡中"创建实体"操作组的"拉伸"图标，弹出"拉伸"对话框，"基准草图"选择步骤（42）中草图的按钮轮廓，参数设置如图4-85所示，拉伸手柄按钮。

（44）单击"模型"选项卡中"创建实体"操作组的"拉伸"图标，弹出"拉伸"

对话框，"基准草图"选择步骤（42）中草图的凹陷区域轮廓，参数设置如图4-86所示，拉伸凹陷区域。

图4-85 拉伸1

图4-86 拉伸2

（45）单击"模型"选项卡中"创建曲面"操作组的"基础曲面"图标，弹出"曲面的几何形状"对话框，如图4-87所示。选择"手动提取"，"领域"选取图中高亮领域，"创建形状"中选择"球"，得到手柄左侧凹陷区域底部的球面3，同样的方法可以得到另一侧凹陷区域底部的球面4，如图4-88所示。

图4-87 提取球面

（46）单击"模型"选项卡中"编辑"操作组的"切割"图标，弹出的"切割"对话框，如图4-88所示，"工具要素"选择步骤（45）中的球面3和球面4，"对象体"选择步骤（44）中拉伸按钮实体，进行体切割，保留其上部分。

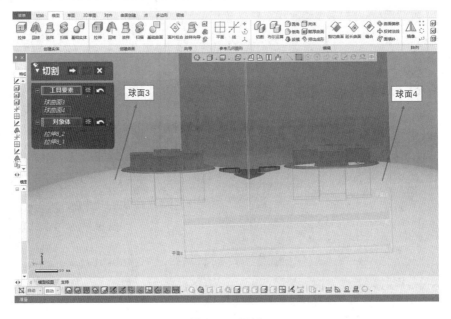

图4-88 切割

（47）单击"模型"选项卡中"编辑"操作组的"布尔运算"图标，弹出的"布尔运算"对话框，如图4-89所示，"操作方法"选择"切割"，"工具要素"选择步骤（46）中切割后的实体，"对象体"选择合并后的主体，进行体切割，保留手柄主体的部分，切割出按钮底部的凹陷特征。

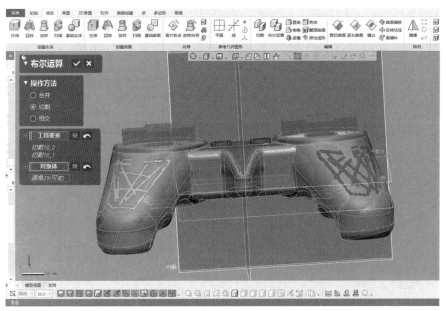

图4-89 布尔切割

（48）单击"模型"选项卡中"创建曲面"操作组的"基础曲面"图标，弹出"曲面的几何形状"对话框，如图4-90所示，选择"手动提取"，"领域"选取图中右侧按钮上的高亮领域，"创建形状"中选择"平面"，共得到4个平面。

图4-90 提取平面

（49）单击"模型"选项卡中"编辑"操作组的"切割"图标，弹出"切割"对话框，如图4-91所示，"工具要素"选择步骤（48）中平面，"对象体"选择步骤（43）拉伸生成的右侧按钮，进行体切割，保留按钮的下部分。

图4-91　切割

（50）单击"模型"选项卡中"向导"操作组的"面片拟合"图标，弹出"面片拟合"对话框，如图4-92所示，"领域"选择图中高亮领域，共得到4个拟合的面片。

图4-92　面片拟合

（51）单击"模型"选项卡中"编辑"操作组的"切割"图标，弹出的"切割"对话框，如图4-93所示，"工具要素"选择步骤（50）提取的4个面片，"对象体"选择步骤（43）拉伸生成的左侧按钮，进行体切割，保留按钮的下部分。

（52）单击"模型"选项卡中"编辑"操作组的"布尔运算"图标，弹出的"布尔运算"对话框,如图4-94所示,"操作方法"选择"合并","工具要素"选择所有实体,将其合并为一个完整的数据。

图4-93 切割

图4-94 布尔合并

(53)单击"模型"选项卡中"编辑"操作组的"圆角"图标,在弹出的"圆角"对话框中,选择"固定圆角",圆角位置及参数设置如图4-95所示,对按钮部分进行圆角。

(54)检查重构的特征是否完整、达到精度控制范围等要求,修改模型直至符合零件要求，数模重构完成。

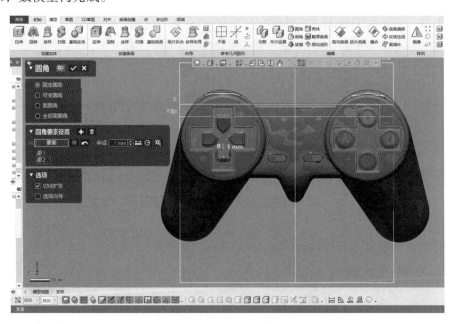

图4-95　固定圆角

（55）单击"初始"选项卡中"保存/共享"操作组的"输出"图标，弹出"输出"对话框，如图4-96所示，"要素"选择整个实体，将模型导出。

图4-96　数模重构结果输出

（56）将重构的数模导入CAD软件中，进行创新设计，进而加工制造产品。

一、实操题

1.请根据如图4-97所给水杯视图，使用NX软件，绘制水杯的三维模型，其中A=35，B=68，C=70，D=6，E=4，F=10。（CaTICs大赛赛题）

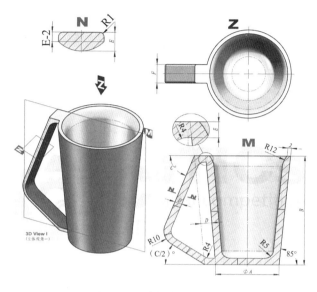

图4-97　水杯的二维视图

2.请根据图4-98所给吊钩视图，使用NX软件，绘制吊钩的三维模型。（全国大学生先进成图技术与产品信息建模创新大赛赛题）

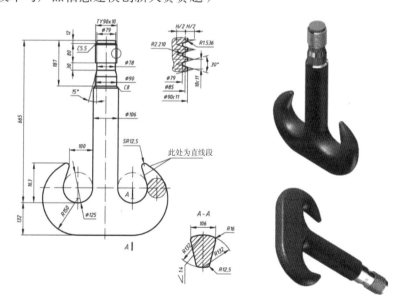

图4-98　吊钩的二维视图

3.请根据已有的焊枪外形点云数据（已做数据处理，见图4-99），完成逆向建模，以便为后续的创新设计以及制造提供三维模型。

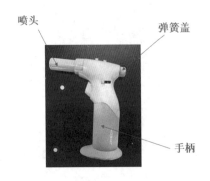

图4-99　焊枪

二、简答题

1.正向设计工程主要的流程步骤及相关软件有哪些？

2.简述正向设计和逆向设计有何区别和联系。

3.简述逆向工程的工作流程。

拓展阅读

风洞 3D 建模：高山滑雪速降的"科技范儿"

点烟，风起，在重庆大学结构实验室风洞里，在高山滑雪赛道模型前，可以清晰地看到烟雾随着风混乱地飘着，这就是雪场风环境的研究现场。这对运动员比赛有什么用？在冬奥会即将到来之际，科技日报记者走进重庆大学，探秘高山滑雪项目背后的"科技范儿"。

高山滑雪项目是雪场上速度最快、危险性最高的项目之一，被誉为"冬奥会皇冠上的明珠"。它起源于欧洲的阿尔卑斯地区，也叫阿尔卑斯滑雪，是在越野滑雪基础上逐步形成的，1936年起被列为冬奥会比赛项目。在这项比赛中，运动员利用势能从山顶滑行到山下的终点，用时少的则为优胜者。

在即将开展的北京冬奥会中，就有高山滑雪滑降的比赛项目。但由于我国的气候、滑雪器材以及场地的原因，这项运动在我国兴起得比较晚，发展的速度也不快。重庆大学参与的"科技冬奥"专项课题针对雪场风环境研究，为我国运动员和教练员提供决策依据和支持。

重庆大学"科技冬奥"团队成员、土木工程学院闫渤文副教授等通过实地勘测和3D建模，建立了实用、高效、精确的高山滑雪运动员速降模型。

"我们团队前前后后四次前往冬奥会场地进行考察，通过对延庆赛区国家高山滑雪中心赛道进行合理性的简化，建立了真实的赛道模型，并融入之前建立的直道＋弯道高山滑降运动模型。"重庆大学"科技冬奥"团队成员李珂介绍，同时结合对赛道风场的数值模拟结果和有限的实测数据，考虑赛场上不同方向环境风的影响，建立起高山滑雪滑降的环境模型，打造出了更全面、更有效的高山滑雪速降模型。

重庆大学风洞实验室以前都是针对建筑、桥梁等固定大体量的建筑物进行试验，针对运动员做试验还是第一次。

据了解，影响运动员滑行的因素包括运动员体型、技战术以及赛道条件、雪况、风速以及滑雪装备的特性等，运动员在滑行过程中受到重力、空气升力和阻力、地面支撑力和摩阻力以及骨骼肌肉力等的作用，其中空气阻力与运动员的姿势有很大的关系。从监测数据来看，赛场风速能达到每秒20~30m/s以上，所以赛场环境风速的方向也会对运动员滑行产生很大的影响。

"我们的第一部分工作就是研究风环境，其中70%左右的内容是通过计算机来完成。先通过计算机模拟整个地球的风环境，再模拟特定区域的风环境，为后续研究收集数据。"李珂介绍。

此外，研究从风到力的关系是必要的。"知道力才能了解运动，而想知道力，就得进行数学建模。我们需要建立运动员的滑降模型，研究当运动员采用不同姿势时，他受到的力是怎样的，风荷载的情况是怎样的。"李珂介绍，这项研究将辅助教练员为每个运动员制定战术和装备与体能综合的个性化科学训练方案，提高比赛成绩。"他们衷心地希望国家队队员们能在比赛中取得好成绩！"

（来源：科技日报）

3D模型切片

项目　概述

　　3D打印机的基本原理是逐层叠加制造，最终完成模型的制作。切片软件将打印模型分割成若干层，按照每层轮廓对打印过程进行路径规划，由此将原来的3D模型文件转化为打印机能够识别的指令。每种3D打印机相应地配套有一个切片软件，这个切片软件就是对要打印的3D模型文件进行打印参数设置的软件。在参数设置好后，选择视图中的切片按钮，这时软件就可以自动计算数据，最终获得3D打印机可以识别的一种G代码文件。该文件传输至3D打印机后即可以进行打印操作。

思维　导图

　　本项目的主要学习内容如图5-1所示。

图5-1　思维导图

任务5.1　切片软件认知

任务导入

　　我们建模完成后导出的模型数据格式是STL格式，此时所有的打印机都无法直接识别该文件并进行打印，而是需要将STL格式的模型文件再次进行处理，转换成打印机能够识别的文件。3D打印切片就是对3D模型数据处理过程的简称，3D打印机配套的有一个切片软件，这个切片软件就是对要打印的3D模型文件进行打印参数设置的软件，参数设置好后，选择视图中的切片按钮，这个软件就可以自动计算数据，最终获得3D打印机可以识别的一种G代码文件。大家知道目前常用的通用切片软件有哪些吗？

 任务目标

知识目标
（1）了解切片软件的功用。
（2）掌握几种常用的切片软件的名称。
能力目标
（1）能够知道常用的切片软件。
（2）能够熟知通用切片软件的切片过程。
素质目标
（1）具有热爱生活、积极向上的乐观精神。
（2）培养刻苦学习、吃苦耐劳的优良品德。

 知识准备

5.1.1　切片软件简介

切片是指将一个模型分解成相同厚度的很多层，每一层就是模型的一个截面，也是3D打印机打印喷头的路径或者激光扫描路径。将模型分层的软件就是切片软件。

3D打印机的基本原理是逐层叠加制造，最终完成模型的制作。切片软件将打印模型分割成若干层，按照每层轮廓对打印过程进行路径规划，由此将原来的3D模型文件转化为打印机能够识别的指令。

切片是3D打印工作流程的关键步骤，切片的质量对打印模型的质量和精细度有很大影响。通过切片可以对控制打印机运行的工艺参数进行设置，例如层厚、壁厚、填充率、打印速度等，以达到我们想要的模型效果。

5.1.2　切片软件分类

根据使用的场合，切片软件可以分为通用切片软件和专用切片软件。通用切片软件能在大部分3D打印设备上使用，专用切片软件由3D打印设备厂商自己开发，只供自己公司的设备使用。

1. 通用切片软件

通用切片软件是现今消费级3D打印行业最常用的切片软件，常见的有Simplify3D、Cura、Slic3r、Repetier Host。这几个切片软件在功能上各具优势，适合不同类型的用户

使用，切片效果也存在差异。

2. 专用切片软件

一些3D打印设备生产商开发的切片软件，只适用于该公司设备的切片使用，不具有通用性，例如Makerware、FlashPrint、Creality Slicer、HALOT BOX、Creality Print等。

任务实施

1. Simplify3D

Simplify3D（简称S3D）于2013 年由美国科研人员开发，是一款功能全面又强大的专业切片软件，已经针对数百种3D打印机进行了测试和优化，受到世界许多国家3D打印用户的喜爱，其软件界面如图5-2所示。

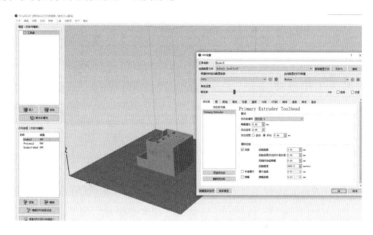

图5-2 S3D切片软件界面

切片引擎强大、切片速度快，切片后模型的打印时间比其他切片软件节约一半。S3D打印进程设置里，用户可以下载和导入3D打印机配置文件。"高级"菜单里可以设置打印起始位置，如果遇到断电、缺料造成的打印失败，可以用此功能挽回损失。支撑功能强大，可以独立添加最佳支撑结构。在不同位置可调整支撑结构厚度，从而节省材料。支撑移除简单，而不会损坏零件。

S3D提供了强大的定制工具，使用户能够在3D打印机上获得更高质量的结果。"修复"工具可对模型的法线、三角面片等进行修复。"变量设置向导"工具可将模型分割为相互独立的不同部分，允许用户根据需要调整层厚、填充和表面结构，还可以为每个分区单独设置打印速度、温度等。

S3D属于专业玩家的切片软件，不适合初学者，而且S3D是收费软件。

2. Cura

Cura是Ultimaker公司于2012年开发的一款开源切片软件，是目前世界上较流行的3D打印切片软件。Cura自带汉语，对中国用户来说，可直接使用，而不用汉化。Cura界

面功能分块清晰、操作简单，适合初学者，其软件界面如图5-3所示。

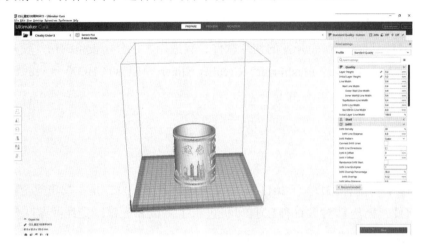

图5-3　Cura切片软件界面

Cura的设备库收录了全世界很多公司的设备，用户只需添加设备，就可以获得该设备的默认参数，从而省去了设置参数的麻烦。Cura的材料库收录了很多材料厂商的耗材，用户可以直接选择，不用单独设置。Cura切片参数的设置有"基础""高级""专家""所有"共4种模式，用户可根据需求进行设置。Cura的"市场"模块里有很多插件，下载后可实现很多附加功能。

3. Slic3r

Slic3r于2011年在RepRap社区内推出，是独立于商业公司或打印机制造商的开源软件（其软件界面见图5-4），具有易学易用、快速生成、可以灵活配置参数等诸多优点。由于开源且免费，Slic3r拥有用户庞大的开源社区。Pronterface、Repetier-Host、ReplicatorG等切片软件调用了Slic3r的切片引擎。

Slic3r的填充图案里提供了3D蜂窝状结构，这使得打印模型更稳定、更坚固。但由于Slic3r主要由兼职人员不断更新，所以存在一些明显的不足，例如切片速度较慢，切片完后不能显示打印时间等信息。Prusa对Slic3r改进开发了Prusa Slic3r，Prusa Slic3r在Slic3r的基础上，功能逐渐完善。

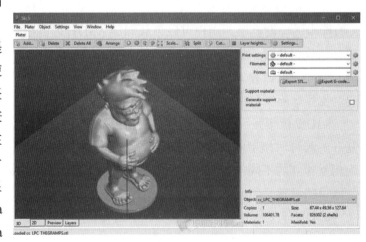

图5-4　Slic3r切片软件界面

4. Repetier Host

Repetier Host是Repetier公司开发的一款免费的3D打印综合软件，其软件界面如图5-5所示。它没有切片引擎，而是调用其他的切片软件的引擎，比如Slic3r、CuraEngine及Skeinforge等。

这款软件使用便捷、易于设置、功能齐全，没有S3D和Cura软件那么智能化，但开通了很多方便手动调试的功能，联机调试3D打印机的功能很强大，因此这款软件非常适合创客发烧友使用。此软件还提供了同步带传动和丝杠传动的计算工具。

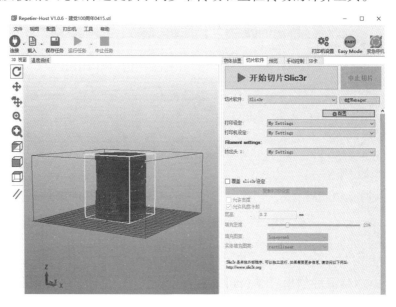

图5-5 Repetier Host切片软件界面

5. Makerware

Makerware是MakerBot公司为其打印机产品专门开发的切片软件，其软件界面如图5-6所示。该软件操作简单、功能完善，非常适合初学者使用。该软件生成X3G格式的切片文件，而不是通用的Gcode。但是Makerware切片速度比较慢。

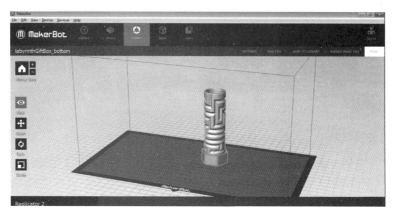

图5-6 Makerware切片软件界面

6. Creality Slicer

Creality Slicer是深圳创想三维公司针对自主研发的FDM打印设备开发的一款切片软件，其软件界面如图5-7所示。目前模型库收录的有创想三维的CR系列、Ender系列、Sermoon系列、CT系列的打印机。通过模型库直接选择机型，软件会匹配对应机型的切片参数。Creality Slicer操作界面简洁、使用简单、符合用户习惯。切片参数的设置模式有两种，对于初级用户来说，可以直接选择"高""中""低"三种质量，简化操作。对于专业用户来说，则可以通过编辑配置来设置更多的参数。

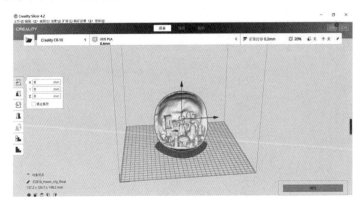

图5-7　Creality Slicer切片软件界面

7. HALOT BOX

HALOT BOX是深圳创想三维公司针对自主研发的光固化3D打印机而开发的切片软件，其软件界面如图5-8所示，其简单直接的操作界面可以给予用户更好的操作体验，同时切片软件也对所适配打印机的性能参数进行兼容性测试，使得其产出的最终切片文件也更加符合打印的使用，能极大提高最终的模型表现效果。另外在此切片软件上，可以直接链接创想云以及Creality整合的庞大模型库资源，使该软件从一个单一的切片软件变成了一个集切片功能和模型库的整合型云平台，让客户在HALOT BOX可以体验一站式的打印前处理服务。

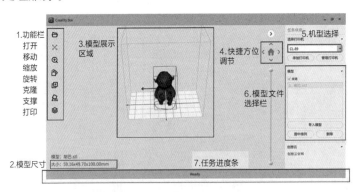

图5-8　HALOT BOX切片软件界面

各种切片软件主要功能相似，主要的区别在于切片引擎、操作界面、附加功能等，最终体现在打印效果上也是有区别的。不同的切片软件操作难易程度不一样，对用户的要求也不一样，Cura适合初级用户，Simplify适合有一定3D打印基础的专业用户。切片软件的选择，首先是看使用者对3D打印的熟悉程度，其次是看对打印效果的要求。

任务5.2　FDM机器切片参数设置

FDM 3D打印机的原理是利用热熔融堆积的原理，利用加热模块对打印材料丝加热使其熔化，之后通过喷嘴走线进行堆积，每层堆积完成后，工作台沿Z轴方向按预定的增量上升一层厚度，逐层堆积形成最终的成品。如何使用深圳创想三维公司开发的FDM 3D打印机切片软件对所打印的卡通人物模型进行切片参数设置呢？

知识目标

（1）了解Creality Slicer与Creality Print切片软件各选项的功能。

（2）熟悉Creality Slicer与Creality Print 切片软件的界面与基本操作。

能力目标

（1）能够正确使用Creality Slicer与Creality Print 切片软件进行模型切片。

（2）学会分析使用Creality Slicer与Creality Print 切片软件出现切片失败的原因以及解决方法。

素质目标

（1）具有良好的职业素养。

（2）具有精益求精、追求卓越的工匠精神。

5.2.1　Creality Slicer切片软件

在首页的预选打印机中选择需要使用的机型，切片软件会自动加载该机器的通用配置文件，省去了用户进行手动设置参数的麻烦。但是为了获得更好的打印效果或者定制一些特殊要求的参数，则需要手动设置切片参数。切片参数对打印的最终效果影响很大，所以必须掌握其设置。下面以Creality Slicer切片软件V4.2版本为例，详解FDM切片参数的基础设置，其切片软件的主页面功能如图5-9所示。该切片软件可在官方网站https://www.cxsw3d.com→服务支持→资料下载路径进行下载。

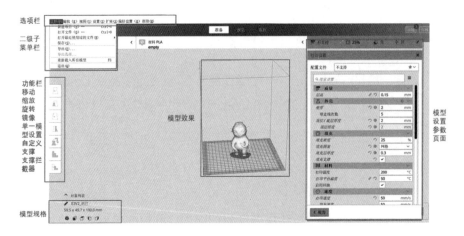

图5-9　Creality Slicer 主页面功能图

1.功能选项栏基础介绍

（1）文件（F）。

①新建项目：会在当前打印界面建立一个新的模型，但是原先的模型会被取消。

②打开文件：打开一个新的待处理文件。

③打开最近使用过的文件：显示最近使用或者处理过的模型，最多10个。

（2）编辑（E）。

①撤销：取消上一步模型的设置操作。

②重做：取消模型的所有设置以及更改。

③选择所有模型：选择当前打印平台上所有的模型，方便统一设置。

④编位所有模型：自动将打印平台上的所有模型进行自动分配位置，具体的位置以实际需要为准；自动编位后依然可手动对模型的分布位置进行调节。

⑤删除所选模型：删除打印平台上选定的模型。

⑥清空打印平台：清除打印平台上所有的模型与所有的设置。

⑦复位所有模型的位置：撤销对所有模型的位置调整。

⑧复位所有模型的变动：撤销对所有模型的尺寸、方向等设置的调整。

（3）视图（V）。

①摄像头位置（C）：支持对打印平台上设置的模型 3D 视角——正视、顶视、左视、右视等多角度方位的观察。

②摄像头视图：支持透视和正交两种视图对模型的观察。

③切换完整界面（F11）：切换切片软件界面最大化与全屏显示。

（4）设置（S）。

①打印机（P）：可以在此页面选择软件已经绑定的打印机。

②挤出机：可以在此菜单内选择挤出机，如有两个挤出机可以在此进行挤出机的选择。

（5）扩展（X）。

①Cura Backups：同步账号在其他登录点的设置参数。

②固件更新检查：联网情况下确认当前软件的版本信息。

③后期处理：插入使用一些扩展后期处理插件。

2. 操作界面介绍

打开切片软件，按提示选择好相应的机型并打开目标模型后，即进入以下操作界面，也就是最主要的切片操作区域。以下对功能界面进行详细介绍。

（1）移动：选择模型后，单击此功能可对模型在X、Y、Z三轴进行位置调整设置，如图5-10所示。

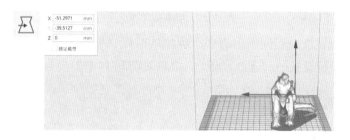

图5-10 移动操作界面

（2）缩放：在此可对模型进行整体等比例或等距（即单方向尺寸）放大缩小。如图5-11所示，框中按需进行勾选，两个选项均不勾选的情况下，默认为可对模型进行等距调整。等比例缩放是在不损坏模型文件整体比例的情况下对长宽高进行同等比例调节；等距缩放是对模型的某一个方位单独进行比例信息的调整，会破坏模型整体的比例协调性。

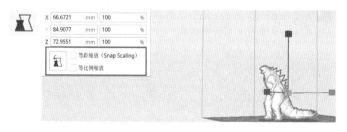

图5-11 缩放操作界面

（3）旋转：对模型放置方位进行调节，同时也可直接一键重置和一键反转，如图5-12所示。

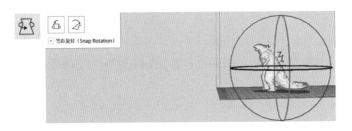

图5-12　旋转操作界面

（4）镜像：对模型的放置方位进行镜像调节，是当前所处方位完全相反的模型方位，如图5-13所示。

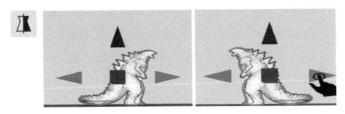

图5-13　镜像操作界面

（5）单一模型设置：当同平台有多个模型的时候，可对单一的模型进行针对性的设置与调整。单一模型设置→"选择设置"：可以对图5-14中的项目进行单独设置。

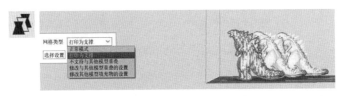

图5-14　单一模型设置操作界面

（6）自定义支撑设置：对选定的模型手动进行支撑的添加，其操作界面如图5-15所示。支撑的添加有助于模型悬空部分的顺利打印。对于悬空部位，如不打印支撑，模型打印过程中容易发生坍塌。

图5-15　自定义支撑设置操作界面

备注：对需要添加支撑的位置，可通过鼠标的单击来添加所需的支撑部位，如图5-16所示加框的地方。

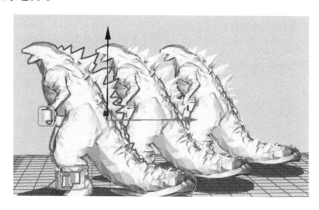

图5-16 通过鼠标单击添加的支撑部位

（7）对象列表：可以对打印平台中的模型进行选择，同时选择的模型的整体规格数据也会显示。视角选择快捷按钮依次为全面视角、正前视角、俯视视角、左视角、右视角，如图5-17所示。

图5-17 视角选择快捷按钮

（8）链接功能区域：可以根据需求直接进入对应的插件市场或者公司官网。

单击"官网"按钮可直接进入创想三维的官方网站。单击"市场"按钮，会弹出如图5-18所示对话框："插件"选项提供Creality Slicer所支持的功能插件以及其他品牌的打印机产品插件，使Creality Slicer支持更多的功能；"材料"选项可以在此页面直接导入国内外各种3D打印耗材的购买链接和App。

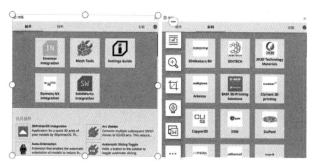

图5-18 链接功能区域操作界面

3.打印参数设置

打印参数对话框如图5-19所示。

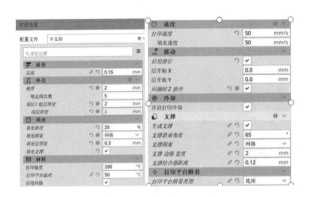

图5-19 打印参数对话框

（1）层高：模型每一层的高度，效果较好的设置为喷嘴直径的0.25~0.5倍，最大为喷嘴直径的0.8倍。过大可能导致相邻的两层无法紧固黏连。

（2）外壳：模型壁厚，为线宽的倍数。顶层、底层厚度为层厚的倍数，顶层厚度不够可能会导致顶层出现孔洞。

（3）填充：填充密度0%为空心，100%为实心。同一模型，填充密度越大，模型强度越高，消耗的耗材也越多，重量也越大。不同的填充图案会影响模型内部结构，进而影响强度。

（4）回抽：回抽是指当喷嘴移动至非打印区域时，挤出机启动回抽耗材，防止产生耗材因自然流动而拉丝的情况。回抽通常的回抽距离为6.5~8 mm，回抽速度为65~80 mm/s；调小最小挤出范围通常设置为2。

（5）材料：根据打印耗材设置喷头打印的温度和打印平台温度。回抽默认启动，防止模型在打印过程中出现拉丝的情况。

（6）速度：打印速度是XY轴的运动速度，一般为50~80 mm/s；模型填充速度可进行单独设置。

（7）移动：滑行会用一个空驶路径替代挤出路径的最后部分，可以有效减少模型打印过程中的拉丝现象。勾选回抽时Z轴抬升，可以防止喷嘴在空驶过程中撞到打印模型。

（8）冷却：启用冷却，开启模型冷却风扇，提高打印质量。

（9）支撑：在模型的悬垂部分生成支撑结构。支撑悬垂角是添加支撑的最小角度，通常设置为45°。当模型悬垂角小于支撑悬垂角时不提供支撑，当模型悬垂角大于支撑悬垂角时则生成支撑。支撑图案可以根据打印品的结构进行选择。

（10）打印平台附着：该功能支持边缘、裙摆和底座三种形式。底座会在模型下添加一个有顶板的网格板，可以增加模型底部和成型面板的接触面积，防止打印的过程中因为模型收缩过大或上大下小等原因，导致模型出现倾倒或者黏连不稳的情况，提高打印中模型的稳定性。

5.2.2 Creality Print切片软件

Creality Print切片软件是深圳创想三维公司最新自研的FDM打印切片软件，其支持机型覆盖了所有创想三维的FDM类3D打印机。下面对整个切片软件的功能进行系统全面的介绍。

1. 软件的下载与安装

打开浏览器输入创想云官网：https://model.crealitygroup.com/ → 软件下载，找到Creality Print切片软件下载。选择适合自己计算机配置的系统进行安装，其安装界面如图5-20所示。

图5-20　Creality Print切片软件安装界面

2. 打印机选择设置

首先单击添加打印机按钮，如图5-21所示。其次选择使用的打印机型号，如图5-22所示。

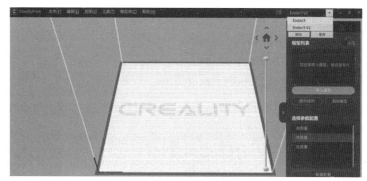

单击右上角下拉箭头"添加"

图5-21　添加打印机

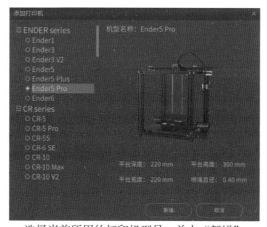

选择当前所用的打印机型号，单击"新增"

图5-22　打印机型号选择

3.软件基本操作

（1）菜单栏操作。

①文件：文件菜单栏下拉框项目如图5-23所示。

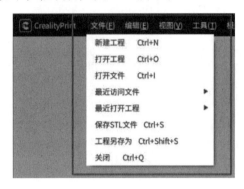

图5-23　文件菜单栏

a.新建工程：新建一个工程文件。

b.打开工程：打开现有的工程文件（.cx3d/.zip）。

c.打开切片文件：打开需要切片的文件，支持BMP、JPG、JPEG、PNG、GCODE、STL、OBJG格式。

d.最近访问文件：最近访问的文件列表。

e.最近打开工程：最近打开的工程列表。

f.保存STL文件：将模型保存为STL格式文件。

g.工程另存为：将打开的工程重命名另存。

h.关闭：关闭该软件。

②编辑：编辑菜单栏下拉框项目如图5-24所示。

a.撤销：撤销至上一步操作（上一步）。

b.恢复：恢复至上一步操作（下一步）。

③视图：视图菜单栏下拉框项目如图5-25所示。

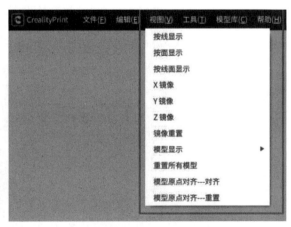

图5-24　编辑菜单栏　　　　　　　　　　图5-25　视图菜单栏

a.按线显示：模型按线显示。

b.按面显示：模型按面显示。

c.按线面显示：模型按线面显示。

d.X镜像：对选中模型进行X镜像的操作。

e.Y镜像：对选中模型进行Y镜像的操作。

f.Z镜像：对选中模型进行Z镜像的操作。

g.镜像重置：对镜像进行重置的操作。

h.模型显示：模型的视图选择及显示（前视图、后视图、左视图、右视图、俯视图、底视图、透视视图、正交视图）。

i.重置所有模型：对平台所有模型进行重置的操作。

j.模型原点对齐—对齐：将选中的模型进行原点对齐的对齐操作。

k.模型原点对齐—重置：将选中的模型进行原点对齐的重置操作。

④工具：工具菜单栏下拉框项目如图5-26所示。

图5-26　工具菜单栏

a.语言：可以设置软件的语言，暂时支持简体中文、繁体中文、英文三种语言。

b.偏好设置：可以设置货币单位和保存工程时间间隔，货币单位有人民币元和美元，保存工程时间间隔默认为10 min。

c.材料管理：可以对FDM打印材料的种类进行管理以及相关参数进行设置，材料种类默认有PLA/ABS，还可以新建添加，相关参数项包括材料类型、品牌、直径、打印温度、灯丝成本。

d.管理打印机：本功能可以对FDM打印机进行基本参数的配置，包括平台形状、平台高度、平台宽度、喷嘴个数、喷嘴直径、机器深度、机头及风扇轮廓大小、是否生成预览图、是否有热床等，还可以对机型进行保存、重置、删除的操作。

e.主题换色：本功能可以设置不同主题的软件页面（深色/浅色主题）。

h.日志查看：本功能可以查看软件运行日志，以追踪软件运行异常情况。

⑤模型库：模型库菜单栏下拉框项目如图5-27所示，打开进入创想云—模型库的网页链接，如图5-28所示。

图5-27　模型库菜单栏

图5-28　创想云—模型库

⑥编辑：编辑菜单栏下拉框项目如图5-29所示。

a. 关于我们：显示软件版本及软件开发商的基本信息。

b. 软件更新：软件版本的检测及更新。

c. 使用教程：打开本软件的操作使用教程。

d. 用户反馈：单击进入Creality Print切片软件的意见反馈页面。

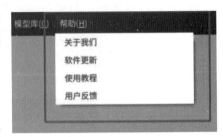

图5-29　编辑菜单栏

（2）功能操作栏。

功能操作栏可以说是整个切片软件最为主要、使用频率最高的功能版块之一，其界面如图5-30所示。操作栏内的功能设置可以完成待处理模型文件除切片以外的所有设置，包括尺寸位置、外观细节甚至表面的特殊处理、模型数量等诸多操作事项。以下详细介绍操作栏内的所有功能。

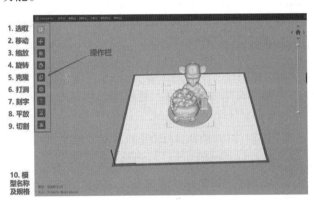

图5-30　功能操作栏界面

①选取：选择当前需要处理的模型。

②移动：对选中的模型进行移动操作，包括X、Y、Z方向的移动，居中、置底的摆放，也可以进行居中、置底、重置的操作，如图5-31所示。

③缩放：对选中的模型进行缩放操作，包括X、Y、Z方向的缩放，也可开关锁定比例进行缩放和重置的操作，如图5-32所示。

图5-31 移动对话框　　　　图5-32 缩放对话框

④旋转：对选中的模型进行旋转操作，包括X、Y、Z方向的旋转，也可重置让模型调整状态回到初始状态，如图5-33所示。

⑤克隆：对选中的模型进行克隆操作，克隆前可以设置要克隆的数量，如图5-34所示。

图5-33 旋转对话框　　　　图5-34 克隆对话框

⑥打洞：对选中的模型进行打洞操作，操作项包括尖端形状（圆、三角形、正方形）/大小/深度等，也可以进行取消打洞的操作，如图5-35所示。

⑦刻字：对模型进行刻字的操作，刻字的相关参数有文字/字体/字高/厚度以及内侧和外侧的选择。

⑧平放：对选中的模型进行按面放平的操作，操作时选择放平的面即可。

⑨切割：对选中的模型进行切割的操作，操作项有X、Y、Z切割位置的调整，X、Y、Z切割角度的调整，开始切割及重置，如图5-36所示。

（3）打印机选择。

①选择打印机：单击打印机下方的下拉

图5-35 打洞对话框　　　　图5-36 切割对话框

列表选择合适的打印机机型，如图5-37所示。

②添加打印机：如果下拉列表中没有匹配的打印机机型，可以单击"添加"按钮，在添加打印机页面选择合适的机型并添加，如图5-38所示。

图5-37　选择打印机

③管理打印机：本功能可以对打印机进行基本参数的配置，包括平台形状、平台高度、平台宽度、喷嘴个数、喷嘴直径、机器深度、机头及风扇轮廓大小、是否生成预览图、是否有热床等，还可以对机型进行保存、重置、删除的操作，查看和编辑机器G代码和挤出机的G代码。

（4）模型操作。

①导入模型：单击本功能可导入模型文件，如图5-39所示，支持的格式有BMP、JPG、JPEG、PNG、STL、OBJ、GCODE、GERBER（印制电路板格式）。

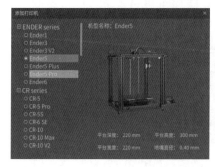

图5-38　添加打印机　　　　图5-39　导入模型图

②删除模型：本功能为删除选中模型的功能。

③居中排列：本功能为模型居中排列的功能，如图5-40所示。

④模型选择：此处有两个功能点，分别为全选和单选，勾选全选时会选中页面所有的模型，切换为不勾选时不选择任何模型，单击选择模型列表中的模型为单选状态，如图5-41所示。

图5-40　居中排列图

图5-41　模型选择

（5）参数。选择参数配置对话框如图5-42所示。

①新建参数配置：新建一个高、中、低的参数配置项，先选择一个高、中、低的质量模式单击"新建配置"按钮，进入新建页面，编辑完后单击"下一步"按钮进入参数设置页面，设置完后单击"高级设置"按钮进入高级参数编辑页，设置完后单击"保存"按钮回到参数编辑页，再保存后完成参数新建。

②编辑参数配置：编辑选中的参数配置项，编辑过程中有重置、保存、返回、取消的操作，可以进行基本参数设置和高级参数设置。

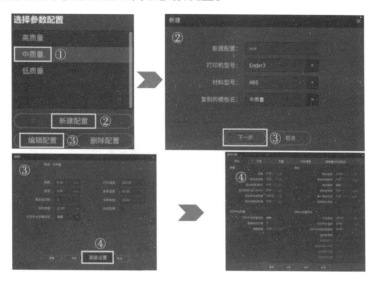

图5-42 选择参数配置对话框

③删除参数配置：选中一个参数配置项后，单击"删除"按钮即可删除选中的参数配置项（默认的高质量、中质量、低质量配置参数无法删除），如图5-43所示。

（6）支撑。

选择FDM机型（ENDER、CR、CT系列），添加模型，右侧任务栏切换到支撑页，并编辑相关的支撑参数，如图5-44所示。

图5-43 删除参数配置对话框　　图5-44 支撑参数对话框

①支撑柱大小：编辑支撑柱的大小。

②最大悬垂角：设置最大悬垂角角度。

③仅添加接触底板的支撑：勾选仅添加接触底板的支撑。

④自动生成支撑：一键自动生成支撑。

⑤添加手动支撑：手动添加支撑。

⑥删除手动支撑：删除手动添加的支撑。

⑦清除所有支撑：清除所有的支撑（包括手动添加和自动生成的支撑）。

（7）鼠标功能操作。

右键旋转：按住鼠标右键后移动鼠标可以进行视角旋转，方便查看各视角的模型情况。

滚轮拖动：按住鼠标滚轮并拖动可以对打印平台进行平面的移动。

左键单击：鼠标在中间版面的操作只有选中模型的功能，且同时只能选中1个模型，Ctrl+鼠标左键可以进行多选的操作。

右键单击：鼠标右键在中间版面可以切出相关的菜单，并且可以对相关菜单进行相关的操作，如图5-45所示。

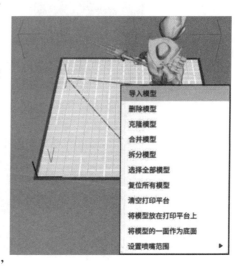

图5-45　鼠标右键功能

（8）视图、拖动条、展开收起。视图、拖动条、展开收起如图5-46所示。

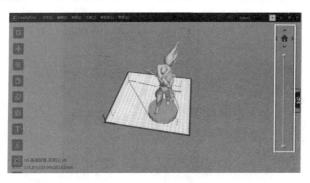

图5-46　视图、拖动条、展开收起

前视图 ⌂：单击可以将视角切换到前视图。

左视图 ⟨：单击可以将视角切换到左视图。

右视图 ⟩：单击可以将视角切换到右视图。

俯视图 ⌃：单击可以将视角切换到俯视图。

仰视图 ⌄：单击可以将视角切换到仰视图。

拖动条：选中模型后拖动上下2个球形拖动按钮可以观察模型各层显示情况，对模型进行查看和分析。

展开、收起：单击任务栏左侧的箭头可以展开和收起任务栏信息（如图中②）。

（9）切片及预览。

①开始切片：单击任务栏下方的"开始切片"后进行切片，并有切片的进度任务栏显示，切片过程中可以单击"取消"按钮终止切片，也可等待切片完成进入预览页面，如图5-47所示。

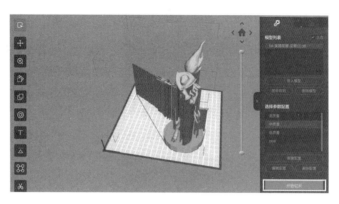

图5-47 开始切片

②打印报告：完成切片后在预览页面右方的信息栏中显示有打印报告（如图5-48所示）。

③打印预览设置：完成切片后在预览页面右方的信息栏中显示有打印报告（如图5-48所示）。

④颜色显示：完成切片后在预览页面右方的信息栏中显示有颜色显示，颜色显示栏有速度、结构、喷嘴的分页切换，其中结构显示的分页中可以勾选相关的显示项（外壁、内壁、皮肤、支撑结构、裙摆、边缘、填充、支撑填充、移动梳理、移动回抽、支撑面、装填塔、空走、短空走直接出料、长空走提前出料）（如图5-48中③④所示）；单击图5-48中的颜色显示按钮出现图5-49颜色显示对话框。

⑤Gcode：完成切片后在预览页面右方的信息栏中显示有Gcode显示，上下滑动可以查看相关的Gcode信息，设置层数和步数后Gcode也会显示相应层数和步数的Gcode代码信息，如图5-50所示。

⑥预览：完成切片后在预览页面下方有预览的相关操作，包括层数、步数的拖动和编辑，预览方式（每一层、每一步），只显示层数的编辑和勾选，播放打印速度的设置，开始播放的按钮等，如图5-51所示。

图5-48 打印预览

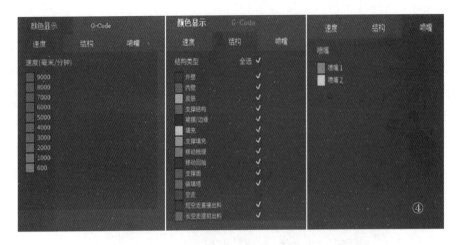

图5-49　颜色显示

图5-50　Gcode代码信息

图5-51　预览对话框

⑦USB在线打印：完成切片后在预览页面右方的信息栏中有"USB在线打印"按钮，单击后会有一个USB打印的设置弹框，这里可以设置相关的打印参数项，包括端口的连接，喷嘴温度编辑和实时温度显示，X、Y、Z位置编辑和归零，风扇速度的编辑，Gcode文件路径编辑，打印、暂停、取消的功能按钮，如图5-52所示。

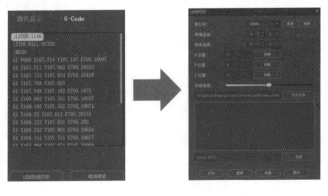

图5-52　USB在线打印对话框

⑧导出：完成切片后在预览页面右方的信息栏中有"导出"按钮，单击后选择本地会把Gcode切片文件保存到本地，如图5-53所示。

图5-53　导出对话框

4. 切片操作流程

切片操作界面如图5-54所示。

（1）机型选择：此处可以选择列表中已有的机型，也可添加新的机型。

（2）模型导入：此处可导入本软件支持的格式模型文件。

（3）参数配置：此处可配置高、中、低三种不同的默认参数，也可新建参数配置（新建配置以默认的三种配置为模板）。

（4）切片：此处开始切片，切片过程中可取消切片操作。

（5）预览及导出：此处可预览切片文件和导出切片文件，还可进行USB连机打印。

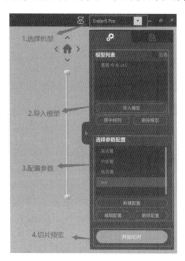

图5-54　切片操作界面

 任务实施

1.选择打印机

单击打印机下方的下拉列表选择合适的打印机机型，如图5-55所示。

图5-55　选择打印机

2. 导入模型

将处理好后的卡通人物模型STL文件导入切片软件，如图5-56所示。

图5-56　导入卡通人物模型

3. 切片参数配置

此处可配置高、中、低三种不同的默认参数，也可新建参数配置（新建配置以默认的三种配置为模板）。本模型根据对应打印机情况进行参数自定义，如图5-57所示。

4. 进行切片并预览

开始切片，切片过程中可取消切片操作。完成切片后在预览页面下方有预览的相关操作，包括层数、步数的拖动和编辑，预览方式（每一层、每一步），只显示层数的编辑和勾选，播放打印速度的设置，开始播放的按钮等，如图5-58所示。

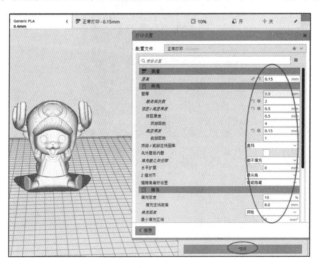

图5-57　切片参数配置

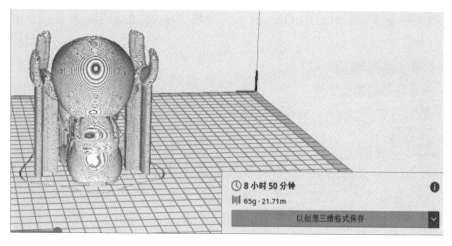

图5-58　进行切片并预览

5. 导出

此处可预览切片文件和导出切片文件，还可进行USB连机打印。

任务5.3　LCD光固化机器切片参数设置

 任务导入

　　LCD光固化3D打印机的原理是利用液晶屏LCD成像原理，利用液晶屏幕不透光的部分遮挡了紫外光线。每层固化完成后，工作台沿Z轴方向按预定的增量上升一层厚度，逐层堆积形成最终的成品。如何使用深圳创想三维公司研制的切片软件HALOT BOX对所打印的海豚模型进行切片参数设置呢？

 任务目标

知识目标

（1）了解HALOT BOX切片软件的界面功能。

（2）掌握HALOT BOX切片软件的基本操作。

能力目标

（1）能够正确使用HALOT BOX切片软件进行模型切片。

（2）能够分析使用HALOT BOX切片软件出现切片失败的原因以及解决方法。

素质目标

（1）培养勇攀高峰的科学精神。

（2）培养良好的职业道德。

 知识准备 //

HALOT BOX是光固化切片软件，虽然发布时间较短，但简单直观的操作界面以及越加丰富的支撑功能，受到广大用户的好评。软件在使用方面完美兼容当前最新发布的HALOT系列产品以及早先发布的LD系列产品，是一款集切片操作和模型交互为一体的切片操作平台。该切片软件可在官方网站→服务支持→资料下载路径进行下载。HALOT BOX切片软件的界面如图5-59所示。

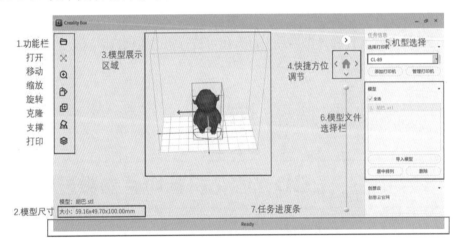

图5-59　HALOT BOX软件界面

5.3.1　软件界面介绍

单击切片软件主界面左上角图标，弹出如图5-60所示的对话框。

（1）打开工程：打开现有的工程文件（.cx3d）。

（2）打开：打开文件（.stl/.obj）。

（3）最近访问文件：最近访问的文件列表。

（4）保存STL文件：将模型保存为STL格式文件。

（5）工程另存为：将打开的工程重命名保存。

（6）语言设置：设置软件显示语言（中文/英文）。

（7）使用教程：打开本软件操作的使用教程。

（8）更新版本：自动检测更新版本并供选择安装。

（9）关于我们：显示软件版本、开发者信息、官网链接。

图5-60　软件主界面对话框

5.3.2 软件操作介绍

1.打开

打开一个新的模型文件等待操作。打开存放需要使用的模型文件夹,选择然后打开,如图5-61所示。

2.移动

对选中的模型进行移动操作,包括X、Y水平方向的移动,同时可直接对模型位置进行居中、置底和重置的操作,如图5-62所示。

3.缩放

对选中的模型进行缩放操作,包括X、Y、Z方向的缩放,也可开关锁定比例对模型的某一个方位进行单独调节和重置的操作,如图5-63所示。

4.旋转

对选中的模型进行旋转操作,包括X、Y、Z方向的旋转,也可重置,如图5-64所示。

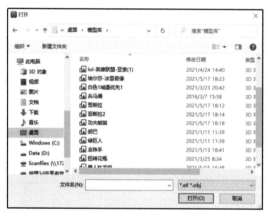

图5-61 打开对话框

图5-62 移动对话框

图5-63 缩放对话框

图5-64 旋转对话框

5.克隆

对选中的模型进行克隆操作，同时也需要对克隆的数量进行设置，数量默认为1个，如图5-65所示。

6.支撑

可对平台选中模型进行支撑参数编辑设置，可操作的设置项有顶尖直径、支撑间距、支撑直径、距离平台高度、底座厚度、底座大小、是否添加底座，操作按钮有生成支撑、编辑、撤销、重置四个选项，如图5-66所示。

图5-65 克隆对话框

（1）顶尖直径：支撑结构与模型间的接触位置圆球的直径。

（2）支撑间距：支撑分布密度参数设置（数值太小可能无法达到支撑效果，太大可能导致支撑分布密集增加后处理难度，影响模型的表面效果。具体数值根据模型实际设置）。

（3）支撑直径：支撑柱直径数值的设置。

（4）距离平台高度：设置模型距离平台高度参数。

（5）底座厚度：设置模型底座厚度参数。

（6）底座大小：设置模型底座大小参数。

（7）是否添加底座：选择是否添加支撑，勾选以后可编辑底座厚度和大小，未勾选无法编辑底座厚度和大小。

（8）生成支撑：生成支撑是自动生成支撑的功能，删除支撑是删除模型所有支撑的功能按钮，2个按钮会在不同的状态间切换。

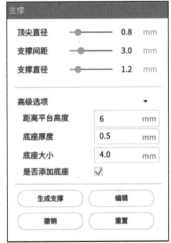

（9）编辑：编辑是对模型进行手动编辑支撑的功能按钮，编辑完成是支撑编辑完成后的确认功能按钮，2个按钮会在不同的状态间切换。

图5-66 支撑对话框

（10）撤销：取消上一步操作指令。

（11）重置：重置支撑参数编辑。

7.打印设置

切片前可以对各切片参数进行编辑设置，设置项包括耗材、层高、曝光时间、机变补偿厚度、机变补偿焦距、启用XY补偿、XY补偿、启用Z补偿、Z补偿、抗锯齿、灰度值范围等，如图5-67所示。

（1）耗材：打印耗材的选择。

（2）层高：打印层高的打印参数设置项（一般可设置范围为0.01~0.1 mm）。

（3）曝光时间：曝光时间的打印参数设置项。

（4）启用XY补偿：打开、关闭 XY 补偿的设置项。

（5）XY 补偿：XY 补偿值的参数设置项，补偿值范围为-0.3~0.3。

（6）启用Z补偿：打开、关闭Z补偿的设置项。

（7）Z补偿：Z补偿值的参数设置项，补偿值范围为1~3。

（8）抗锯齿：打开、关闭抗锯齿的设置，抗锯齿等级支持4、9、16、25等四种选择。

（9）灰度值范围：抗锯齿的灰度值范围设置项，灰度值设置范围为10~255。

8. 模型

（1）导入模型：与菜单栏内的打开模型类似，点击可在此直接导入模型文件，如图5-68所示，支持的3D文件格式有STL、OBJ。

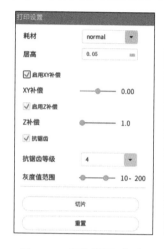

图5-67 打印设置对话框　　　图5-68 模型对话框

（2）居中排列：点击此功能可将模型调节至打印平台的居中位置。

（3）删除：删除列表中选中的模型。

（4）全选：勾选后会对列表中的模型全部选取。

9. 模型视角

五个选择按钮，分别为前视图、俯视图、仰视图、左视图、右视图。模型视角如图5-69所示。

图5-69 模型视角

5.3.3 打印机选择

若导出目标选择打印机则系统会显示已链接绑定的打印机，在完成选择后可直接将模型发送至打印机执行，同时在此也可以新增远程可连接的打印机。

1. 选择打印机

单击图5-70所示的选择打印机下面的下拉菜单，选择当前需要使用的打印机型号。

2. 添加打印机

如果下拉列表中没有匹配的打印机机型，可以单击添加打印机，在添加打印机页面选择合适的机型并添加。

3. 管理打印机

可以对打印机进行基本参数的配置,包括打印机类型,分辨率X、Y、Z大小,镜像的参数设置,以及保存、重置、删除的功能按钮。

5.3.4 创想云—模型库

在切片软件界面的右下角,可直接链接到创想云的模型库,方便用户根据需求实时选取所需的模型文件,如图5-71所示。

图5-70 选择打印机对话框   图5-71 创想云—模型库

任务实施

1. 选择打印机

单击打印机下方的下拉列表选择合适的打印机机型,如图5-72所示。

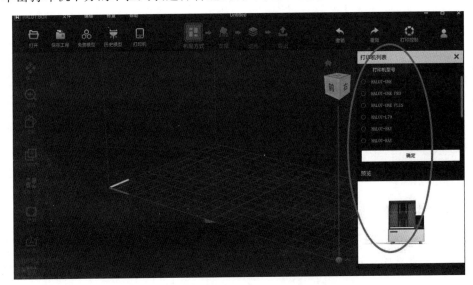

图5-72 选择打印机

2. 导入模型

将处理好的海豚模型STL文件导入切片软件,并通过旋转和移动命令对导入的模型进行摆正,确定好打印姿态,如图5-73所示。

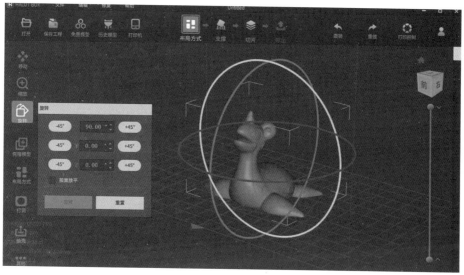

图5-73 导入海豚模型

3. 设置支撑

在完成以上的姿态布局之后，进行支撑设置。支撑设置有粗、中、细三种默认参数设置，根据模型情况与打印机性能合理选择支撑参数，也可进行自定义支撑参数设置。本模型结合对应打印机情况综合考虑后选择中支撑，如图5-74所示。

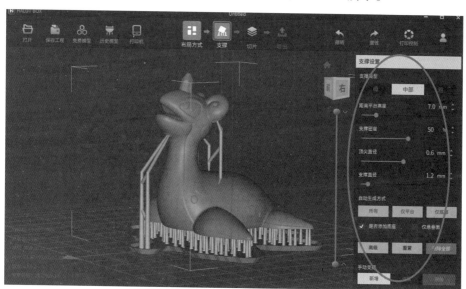

图5-74 设置支撑

4. 打印参数设置

对打印机打印参数进行设置，层厚通常选用0.05 mm；初始曝光选择50 s（时间需设置合理，可避免在模型打印过程中脱落）；曝光时间、上升高度等参数根据打印机情况进行对应设置，如图5-75所示。

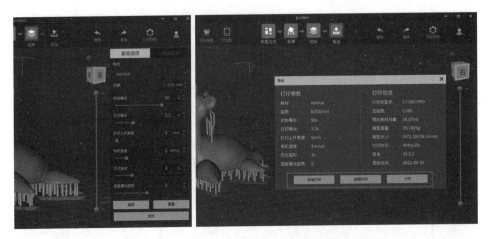

图5-75　打印参数设置

5．进行切片并预览

开始切片，切片过程中可取消切片操作。完成切片后在预览页面下方有预览的相关操作，包括层数、步数的拖动和编辑，预览方式（每一层、每一步），只显示层数的编辑和勾选，播放打印速度的设置，开始播放的按钮等。

6.导出

此处可预览切片文件和导出切片文件，还可进行USB连机打印。

项目 练习

一、填空题

1.切片软件有_____和_____两大类。

2.请列举三种切片软件：_____、_____、_____。

3.切片操作的整个流程是_____。

4.创想三维FDM打印机的精细打印时切片层高通常设置在_____mm。

5.光固化打印机的打印材料一般是_____。

6.LCD光固化打印机切片层高通常设置_____mm。

二、选择题

1.某同学用通用切片软件成功切片，之后用创想3D打印机打印时无法识别，原因可能是（　　）。

    A.电脑配置太差　　　　　　　　　　B.切片软件与打印机不匹配

    C.打印机喷嘴温度太高　　　　　　　D.打印机没料

2.以下哪个切片软件为专用切片软件？（　　）

    A.Cura　　　　　　　B.Slic3r　　　　　　C.HALOT BOX　　　　　D.Simplify 3D

3.FDM打印机的切片的单层高度与喷嘴直径的关系是（　　）。

A.单层高度小于喷嘴直径　　　　　B.单层高度等于喷嘴直径

C.单层高度大于喷嘴直径　　　　　D.单层高度大于喷嘴直径的两倍

4.切片时设置裙边的作用是什么？（　　　）

A.打印精度更高　　B.防止翘边　　C.便于散热　　D.节约材料

5.LCD 光固化打印机切片参数设置时如曝光时间设置过短，将导致（　　　）。

A.打印材料未能完全固化　　　　　B.离型膜破裂

C.紫外灯损坏　　　　　　　　　　D.丝杠发生损坏

6.切片时设置支撑的作用是什么？（　　　）

A.打印精度更高　　　　B.防止模型塌陷　　　　C.便于散热　　　D.节约材料

三、简答题

1.通用切片软件有哪些呢？请列出至少四种通用切片软件，并简单介绍。

2.FDM打印机的工作原理是什么呢？

3.如果FDM打印机切片时支撑比例设置为5%导致打印失败，请分析可能的原因。

4.LCD光固化打印机的工作原理是什么？

5.LCD光固化打印机切片时如何防止模型在打印过程中出现脱落？

拓展阅读

3D 打印"心脏"与"真心"无异

没有两个人的心跳是一样的。心脏的大小和形状可能因人而异，对于心脏病患者来说，这些差异尤其明显。美国麻省理工学院工程师团队开发出一种程序，可 3D 打印患者柔软而灵活的心脏复制品，并可控制其泵送动作，以模仿患者的泵血能力。他们希望通过这种方式帮助医生根据患者特定的心脏形态和功能定制治疗方案。

研究团队在《科学·机器人》杂志上的一项研究中报告了该成果。研究人员首先将患者心脏的医学图像转换为 3D 计算机模型，然后使用基于聚合物的墨水进行 3D 打印，得到的是一个柔软、灵活的外壳，与患者自己的心脏形状一模一样，研究小组还可使用这种方法打印患者的主动脉。为了模拟心脏的泵血动作，该团队制作了类似于血压袖带的袖套，将打印出来的心脏和主动脉包裹起来。每个"袖套"的底面都类似于有精确图案的气泡膜。当"袖套"连接到气动系统时，研究人员可调整流出的空气，有节奏地使套筒内气泡膨胀并收缩心脏，模仿其泵送动作。研究小组还在主动脉周围给一个单独的套筒充气。他们表示，可调整这种收缩以模仿主动脉瓣狭窄。医生通常通过外科手术植入人造瓣膜来治疗主动脉狭窄，这种人造瓣膜可以扩大主动脉的自然瓣膜。该团队表示，未来医生可能会使用他们的新程序首先打印患者的心脏和主动脉，然后在打印的模型中植入各种瓣膜，看看哪种设计能产生最好的功能，并适合特定的患者。心脏复制品也可被实验室和医疗器械行业用作测试各种类型治疗方法的现实平台。

研究人员表示，每个人的心脏都是不同的，新系统的优势在于，不仅可重建患者心脏的形态，还可重建其在生理和疾病方面的功能。

3D打印在医学领域的应用已有时日。比较常见的应用场景是，利用3D打印技术复制牙齿、骨骼等人体部位或器官，用于医学训练和研究。当然，也可以精准地对患者的某个器官进行3D建模并打印出来，帮助医生做手术前研究判断和准备。不过能够将人体器官复制出来，同时模拟这些器官运行的应用还比较少见。最新研究不但复制出柔软灵活的心脏，还能让这个"假心脏"模拟泵血动作，充分显示出3D打印技术在医学领域的应用正日益深入、精准、高端。

（来源：科技日报）

3D模型打印

项目 概述

FDM 和 LCD 是目前桌面级 3D 打印市场应用较广泛的两种 3D 打印成型工艺。在前面学习了 3D 模型获取和模型切片工作后，下一环节便是最为重要的 3D 模型打印，主要涉及工作台调平、材料装载、模型打印和故障检修等操作。

思维 导图

本项目的主要学习内容如图 6-1 所示。

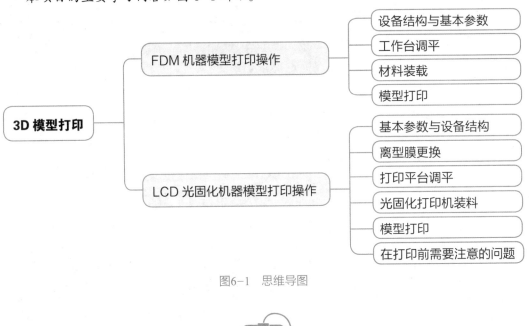

图6-1 思维导图

任务6.1 FDM机器模型打印操作

 任务导入

使用FDM 3D打印机和模型"大力神杯"的切片文件，如何做才能把"大力神杯"制作出来？

 任务目标

知识目标

（1）了解使用FDM打印机设备结构与基本参数。

（2）掌握使用FDM打印机打印模型的流程和方法。

能力目标

（1）能够正确使用FDM打印机进行模型打印。

（2）能够对FDM打印机进行装料、卸料、调平等操作。

素质目标

（1）培养规范操作的职业意识和良好的职业素养。

（2）具备创新和环保意识。

 知识准备 //

6.1.1　设备结构与基本参数

FDM模型3D打印机以深圳创想三维（Ender-3 S1 Pro型号）打印机为例，如图6-2所示。其打印材料主要为PLA/TPU/ABS等，成型尺寸为220 mm×220 mm×270 mm。

1. 设备结构

设备主要由底座组件、龙门架、喷头套件和显示屏等7个主要零部件组成，如图6-3所示。其中，3D打印机 X、Z 方向运动由龙门架组件完成，Y 方向运动由底座组件完成，两者联动完成主要进给运动。

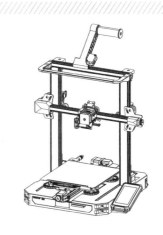

图6-2　Ender-3 S1 Pro 3D打印机

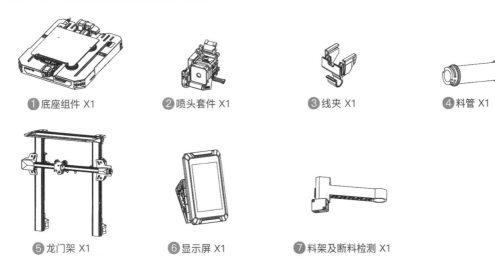

❶ 底座组件 X1　　❷ 喷头套件 X1　　❸ 线夹 X1　　❹ 料管 X1

❺ 龙门架 X1　　❻ 显示屏 X1　　❼ 料架及断料检测 X1

图6-3　Ender-3 S1 Pro 3D打印机主要零部件

2. 基本参数

Ender-3 S1 Pro 3D打印机基本参数见表6-1。

表6-1 Ender-3 S1 Pro 3D打印机基本参数

参数名称	具体参数
成型尺寸	220 mm × 220 mm × 270 mm
成型技术	FDM
喷头数量	1
切片层厚	0.05~0.35 mm
喷嘴直径	0.4 mm
热床温度	≤100℃
喷嘴温度	≤300℃
打印速度	最快 150 mm/s，建议 50 mm/s

6.1.2　工作台调平

在FDM 3D打印机中，打印平台作为模型的承载平台，如果平台与喷头的相对位置关系有偏差，那么在模型打印过程中必然会导致打印细节出现差错，如图6-4所示，出现模型无法黏附、模型翘边、模型断层错位和刮坏打印平台等问题。

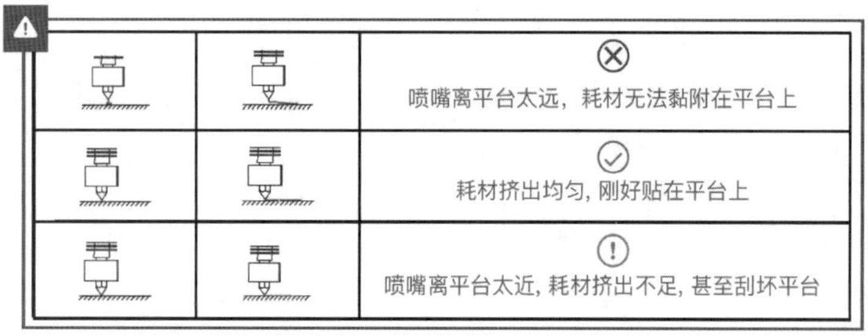

图6-4　打印平台与喷头的相对位置关系出现三种状态

初次操作3D打印机，应检查3D打印机的接线情况和滑轮松紧度情况检查，再对其进行工作台调平、装料、打印等操作。具体操作如下。

1.3D打印机接线情况检查

开机之前，先对打印机接线情况进行检查，主要检查Z轴电机线、断料检测2处接线、LED灯接线等四处位置，如图6-5所示，避免接线错误或遗漏导致机器故障。并且根据场地电压条件，将电压拨码调至合适位置（100~120V范围选择115V挡位；220~240V选择230V挡位），以免由于挡位选择错误导致电源烧坏。

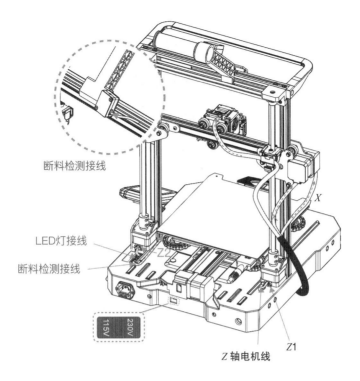

图6-5　接线情况检查位置示意

2.滑轮松紧度检查

滑轮如果过松会导致打印出来的模型表面粗糙或者错位断层，所以在进行接线情况检查后需要对X、Y、Z轴的滑轮进行松紧度的检查，发现存在空转和卡顿现象时，需要使用调整扳手调节六角偏心隔离柱，使其运转顺畅，如图6-6所示。

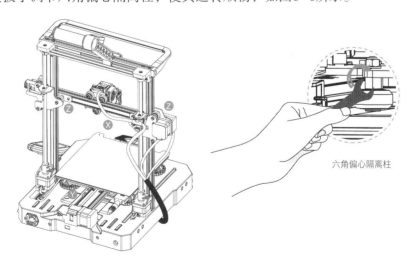

图6-6　滑轮松紧度检查示意

3.打印平台调平

开启设备电源，依次选择"设置"→"调平"→"辅助调平"，如图6-7所示。

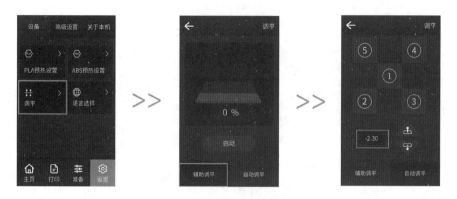

图6-7　打印平台调平步骤

单击①点处，机器将控制喷头移动至相应位置，此时通过调整打印平台底部的旋钮，增大或缩小喷头与平台的间距，如图6-8所示，依次手动旋紧或旋松②③④⑤处底部旋钮，使喷嘴位于各点处时，与打印平台的高度接近A4纸的厚度（0.08~0.1 mm），在该点处拉动A4纸时，有轻微阻尼感，如图6-9所示，即完成打印平台调平工作。

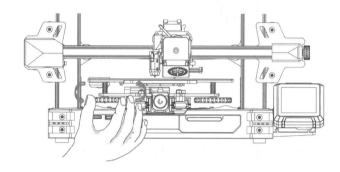

图6-8　工作台调平示意图1

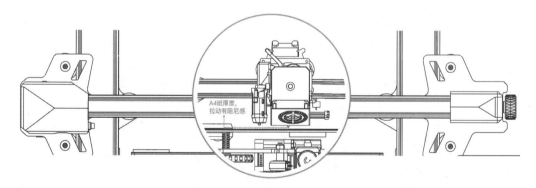

图6-9　工作台调平示意图2

6.1.3　材料装载

FMD 3D打印采用丝状热塑性材料（PLA、ABS等），材料通过供丝机构送入加热喷头中。装料操作分为以下4个步骤。

（1）使用偏口钳修剪耗材末端为45°左右，以便其顺利装入进料口。

（2）线材穿入断料检测孔，然后按住挤出机手柄，让线材再沿着挤出机孔插入，直至打印喷嘴位置，如图6-10所示。

（3）预热喷嘴，当温度达到设定目标值时，喷嘴处即有耗材流出，如图6-10所示，则装料完成。

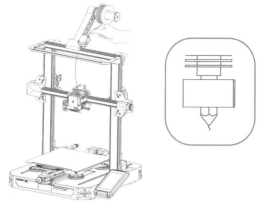

（4）将喷嘴加热到185℃以上，待耗材软化，先按住挤出手柄，向下推耗材使其从喷嘴处挤出，再快速将耗材抽出，防止耗材卡在喉管处。

注意：若打印过程中，发现材料不足，应先暂停打印，待打印机暂停工作后，按住挤出手柄，快速将耗材抽出，防止耗材卡在喉管处。重复上述装料步骤，清理干净工作区域即可恢复打印工作。

图6-10　装料操作示意图

6.1.4　模型打印

在之前项目中完成对模型的切片工作后即可生成G代码文件，继而将G代码文件保存至存储卡中，如图6-11所示。存储卡插入3D打印机读卡区域，再通过显示屏和旋钮选择打印要的模型G代码文件后，机器便根据设置的参数对模型进行打印，如图6-12所示。

图6-11　G代码文件保存至存储卡

打印刚开始时注意调整机器打印速率（建议降低至60%），从而低速观察第一层打印情况，第一层出料顺畅且正常黏附在平台上，即可继续打印；待模型打印完成后，机器将自动结束打印工作。

注意：若第一层出现翘边、断料、无法黏附等情况时，应及时停止机器并进行故障检修。

单击打印　　　　选择文件

图6-12　打印模型显示界面

FDM 3D打印技术可以实现复杂结构的制造，并且可以通过一体成型打印完成两个或两个以上零件的并行制造，从而减少装配环节。

说明：一体成型打印指的是3D打印不受零件结构限制的优势，将复杂模型整体（包含多个零件）进行并行制造，完成后的模型无需安装即可完成各零件间的相对活动（如图6-13）。

图6-13　一体成型打印的可活动玩具龙

用FDM打印机打印如图6-14所示的"大力神杯"，主要可分以下四步实施。

1. 装料

准备3D打印耗材，将耗材末端修剪为45°斜面，线材穿入断料检测孔，后预热喷嘴，直至耗材顺利挤出。

2. 调平

大力神杯底部面积较大，易发生翘边。应先通过手动调平，对打印机进行调平操作，直至测试耗材挤出后呈扁平状，与平台黏结牢固后方可结束调平。

3. 打印

装入SD卡，选择打印选项，如图6-15所示选择"大力神杯切片文件"，开始进行打印操作。打印刚开始时，调节打印速率至60%左右，观察第一层打印情况，当第一层与平台黏结牢固后，再将速率调回100%。如发现第一层材料并非扁平状时，可通过Z轴补偿，对Z轴参数进行调节，达到打印效果。如发现第一层出现翘边，则应及时停止打印，重新调平。

4. 主要参数调节

打印时可通过修改机器参数，与切片参数叠加控制打印速度；也可通过修改机器参数，直接调节打印平台、喷头温度，具体调节参数可通过观察打印情况来决定（例如，当中途需要提前将产品打印完成时，可临时调高打印速度，建议最高不超过150%）。

注意：如果打印中途意外断电，待重新通电后，可通过触控面板选择断电续打，无需重新打印。

　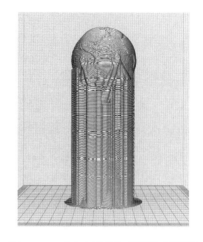

图6-14　"大力神杯"产品　　图6-15　"大力神杯"模型切片预览

任务6.2　LCD光固化机器模型打印操作

 任务导入

　　使用LCD光固化3D打印机和"航天员"模型的切片文件，如何做才能把"航天员"模型制作出来？

 任务目标

知识目标

（1）了解LCD光固化打印机的结构和基本参数。

（2）掌握使用LCD光固化打印机制作模型的步骤和方法。

能力目标

（1）能够使用LCD光固化打印机打印模型。

（2）能够对LCD光固化打印机进行装料、调平、离型膜更换等操作。

素质目标

（1）具备吃苦耐劳、踏实肯干的工作精神。

（2）具备环保意识和社会责任感。

 知识准备 //

6.2.1　基本参数与设备结构

LCD光固化3D打印机以深圳创想三维（HALOT-SKY型号）打印机（图6-16）为例，其打印材料主要为普通刚性光敏树脂、标准树脂、弹性树脂、牙模树脂等，成型尺寸为192 mm × 120 mm × 250 mm。

图6-16　HALOT-SKY 光固化
3D打印机

1. 基本参数

深圳创想三维HALOT-SKY光固化打印机型号基本参数如表6-2所示。

表6-2　HALOT-SKY光固化打印机型号基本参数

参数名称	具体参数
成型尺寸	192 mm × 120 mm × 250 mm
成型技术	LCD
X、Y 平面分辨率	3840 × 2400 dpi
Z 轴精度	0.01~0.1 mm(层厚)
打印速度	1 ～ 4 s/ 层
光源配置	紫外线集成灯珠（波长 405 nm）

2. 设备结构

设备主要由打印机主体、打印平台和料盘三部分组成。由于光固化3D打印机材料由液态变为固态，因此其配套工具也比其他打印机相应增加，工具包工具如图6-17所示。

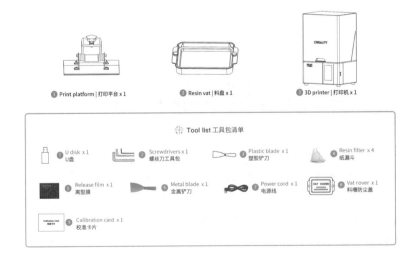

图6-17　CT-005 Pro 光固化3D打印机主要零部件

HALOT-SKY光固化3D打印机工具作用如表6-3所示。

表6-3　HALOT-SKY光固化3D打印机工具作用

序号	工具	作用
1	U盘	读取切片文件
2	螺丝刀工具包	拆装机器与打印平台
3	塑胶铲刀	清洁料槽
4	纸漏斗	回收过滤树脂耗材
5	离型膜	将树脂与成型屏幕隔开，可透过UV光
6	金属铲刀	将打印件从打印平台上取下
7	电源线	为整机供电
8	料槽防尘盖	防止闲置时灰尘、强光进入料槽
9	校准卡片	辅助打印平台校准

6.2.2　离型膜更换

在LCD光固化打印机中，离型膜的作用是非常重要的，在打印机使用一段时间后，离型膜上会出现许多打印印记和前期打印时无法清理干净的残留树脂，如图6-18所示。此时如果不及时更换离型膜，将会影响打印效果（打印件无法黏结或出现断层开裂），如果离型膜有破损，甚至会导致树脂滴漏，从而损伤打印机屏幕，影响打印机寿命，因此，离型膜在使用一段时间（正常3个月左右）后或者有明显印记和损伤时，应及时更换，以保证打印质量与延长打印机寿命。

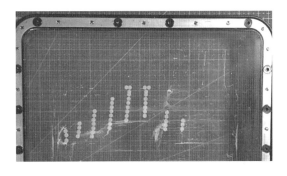

图6-18　出现打印印记与残留树脂的离型膜

更换步骤如下：

（1）如图6-19所示，拆卸料槽底部的螺丝,取出坏的离型膜。

（2）如图6-20所示，撕掉新的离型膜两个面上的保护膜，对好孔后将离型膜套在压圈上的柱子上。

（3）如图6-21所示，将套好离型膜的压圈放回料槽，安装底部的螺丝并采用对角方式锁紧。

（4）安装好的离型膜如图6-22所示。

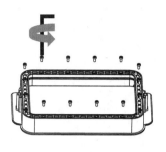

图6-19　拆卸料槽螺丝

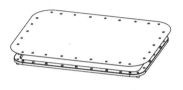

图6-20　撕开离型膜上下保护膜

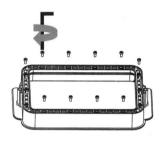

图6-21　离型膜的压圈放回料槽锁紧

图6-22　安装好的离型膜

6.2.3　打印平台调平

光固化打印机由于运输震动或错误使用、高频次使用等原因可能导致打印平台出现水平误差，因此为保证打印质量，在打印任务开始前需要对打印机进行打印平台调平操作。

调平步骤如下。

（1）如图6-23所示，进行打印平台的校准，首先上升平台，拧松料槽左右两侧胶头手拧螺丝，将料槽取出。

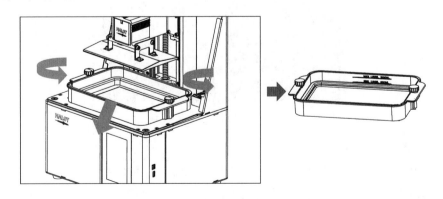

图6-23　打印平台调平

（2）松开成型平台板连接板的四颗螺丝，将校准卡片贴紧打印屏，按"设置→打印设置→Z轴运动→调平"按钮，如图6-24所示，检查平台是否与纸张均匀贴合，如图6-25所示。

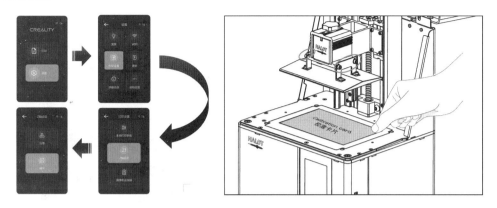

图6-24　打印平台调平步骤　　　　图6-25　检查平台是否与纸张均匀贴合

（3）确认校准卡片均匀贴合后，锁紧平台的四颗螺丝，如图6-26所示。

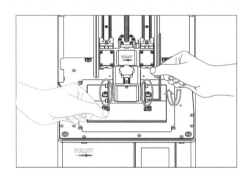

图6-26　锁紧平台螺丝

6.2.4　光固化打印机装料

将3D打印机 UV 光敏树脂倒入料盘，槽位容量分别为500 ml、1000 ml（根据切片预估耗材用量决定，不低于预估用量），如图6-27所示，装料前充分摇匀光敏树脂，避免有沉积物影响。

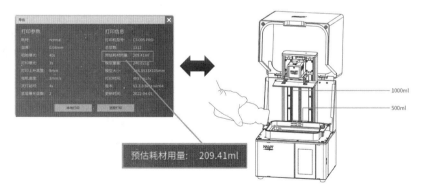

图6-27　导入合适容量的光敏树脂

6.2.5　模型打印

模型打印如图6-28所示，插入U盘进行打印。

依次按"打印→所打印模型名称→使用文件参数→开始"按钮，机器即开始打印工作，如图6-29所示。

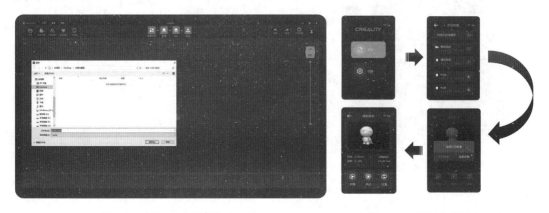

图6-28　插入U盘进行打印　　　　　　　　图6-29　选择参数进行打印

6.2.6　在打印前需要注意的问题

1. 通过选择不同打印切片设置节省树脂

在 3D 打印工艺中，如果我们希望获得更光滑的表面和精致的细节时，树脂可能是最理想的材料之一。然而，树脂不像前面学的FDM工艺所使用的PLA等材料那样价格实惠，标准 SLA 树脂的平均价格约300元/升。一些特殊树脂，如牙科树脂或陶瓷树脂，更是价格不菲。因此，同学们作为未来的3D 打印从业者，除了选择经济型树脂外，还需要了解一些其他节约树脂的方式，可以节省大量成本。常用的三种方式有如下几种。

（1）将模型变为空心结构（利用切片软件抽壳命令），如图6-30所示。在大多数情况下，不必将模型打印成实体，将原本实体的模型在软件中抽壳可以节省大量树脂。

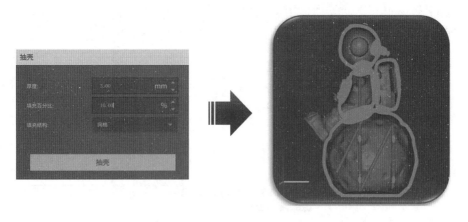

图6-30　将模型变为空心结构

抽壳时需要特别注意：较薄的墙壁肯定会更经济，但它也会使模型变得脆弱，甚至可能增加精致结构打印失败的风险；抽壳部分在打印过程中可能会形成一个密闭的腔室，腔室中的低压可能会破坏模型或导致意外问题，我们需要使用切片软件对模型进行打洞以平衡内压和外压，以避免此类问题。打洞参数设置如图6-31所示。

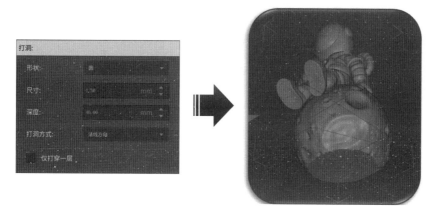

图6-31　对模型进行打洞

（2）优化3D模型结构。打印失败是导致树脂浪费最大的原因，尤其是对于大型模型，在具有大打印尺寸的高分辨率打印机上打印失败可能会白白浪费大半瓶的树脂，甚至更多。

为避免打印失败，在使用 3D 建模软件设计时，需要特别注意模型的结构并尽可能优化它。例如，较薄的壁可以减轻模型重量，这意味着更少的树脂消耗，但也意味着牺牲模型的坚固性，结构强度不足对上拉式树脂打印的影响可能是致命的。模型倒挂在打印平台上并在打印过程中承受重力。更尖锐的拐角会增加结构应力，裂缝的可能性也会增加。骨架和角撑板结构可加强某些需要承受外力的结构位置，如图6-32所示。

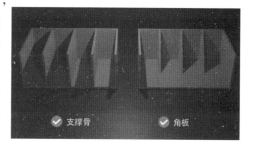

图6-32　不同的支撑结构

（3）移除不必要的支撑和底筏。在前面学习切片操作的项目中，我们学习到将模型放置在不同的方向，自动添加的支撑和筏板的数量可能也会有所不同。所以找到一个可以产生较少支撑和筏板的角度（确保首先保证支撑的强度）。如图6-33所示，挑选出多余的支撑并手动删除它们。通常来说垂直方向摆放模型所需要的支撑较少。

在结构稳定的前提下，更少的支撑在减少树脂浪费的同时，也可以带来更平滑的打印表面，减少后处理工作量。

上述三种方式有助于减少树脂的消耗与浪费。3D打印与传统加工工艺虽然不同，但是需要从业者所具备的职业素养与钻研精神是相同的，当我们的经验能够提高3D打印材料利用率与打印效率的同时，也是在为3D打印行业的发展做出相应的贡献。

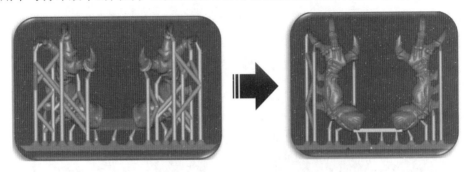

图6-33　不同的支撑与底筏方式

2. 光固化3D打印打印失败的原因及处理方法

由于光固化打印时，光敏树脂材料从液态变为固态，这个过程中如果设置或操作不合理，常常会出现打印失败的情况。例如，打印一半粘底或完全粘底（打印件固化在离型膜上），打印件粘不上打印平台，打印件脱落，只打印支撑，底筏翘边，打印件呈海带状等。

脱膜失败可能由多种原因导致，但归根结底可以分为以下几类：

（1）多种原因引起的整体或局部曝光不足导致未固化或固化不完全，从而不能很好地和前一层或打印平台（对于底层而言）黏合。

（2）料槽或打印平台上存在杂质。

（3）离型膜对模型的拉力或模型承受的重力超过模型的承受范围。

3. 脱膜失败案例

对于上拉式（目前消费级市场常用）光固化3D打印机，打印失败通常来自于脱膜（离型膜）问题，下面是一些常见的脱膜失败案例。

（1）底筏翘边，如图6-34所示。

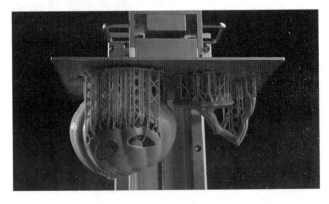

图6-34　底筏翘边

（2）仅支撑部分打印成功，打印件无法成型，如图6-35所示。

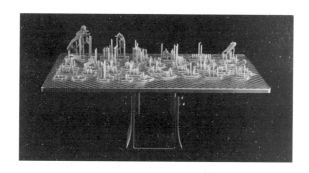

图6-35 仅支撑部分打印成功

（3）打印件粘在离型膜上，如图6-36所示。

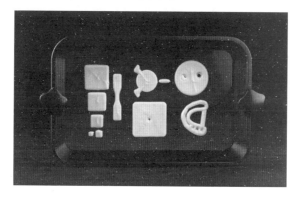

图6-36 打印件粘在离型膜上

（4）打印件分层或有气泡，如图6-37和图6-38所示。

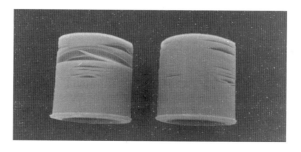

图6-37 打印件分层

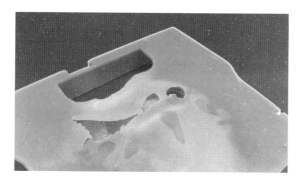

图6-38 打印件有气泡

4.排查错误原因

当打印的过程中发现打印件脱模失败时，应排查是否有以下具体原因或误操作：

（1）未正确调平或调零。

底层粘在离型膜上，主要原因跟打印平台和首层息息相关。如果打印平台不平行于屏幕，在打印较大模型时，不同位置平台和屏幕的间距不同，间距过大的地方可能无法成型或固化不足而导致打印失败，如图6-39所示。

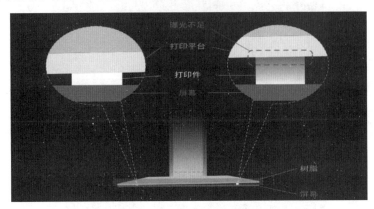

图6-39 间距过大导致曝光不足

此外，调零距离过大（即屏幕和打印平台之间的距离过大），模型就无法粘在打印平台上。因此，在开始 3D 打印之前，第一步是确保 3D 打印机调试完成，打印平台水平并且距离合适。

（2）层高设置过大。

和调零过大类似，层高设置过大时会削减紫外光穿过当前层到达前一层的强度，从而导致固化程度不足。

（3）横截面过大。

脱膜时打印件受到离型膜的拉力和当前层的横截面影响，若横截面为一个整体且接近圆形，有斯蒂芬吸力公式：

$$F = \frac{3\pi\eta R^4}{2h^3} \times \frac{\mathrm{d}h}{\mathrm{d}t}$$

式中：η为液体的黏度系数；R为两个平行圆面的直径；h为两个平行圆面的距离。

拉力和当前层的横截面可粗略近似为4次方的关系，即当横截面增加为原来的n倍时，拉力变为原来的n^4倍。摆放模型时应尽可能避免单个横截面过大的情况。

（4）模型和离型膜形成密封腔体结构。

如果模型和离型膜之间形成一个密封腔体结构，那么在上拉开始时腔体内的气压会低于外部气压，从而增大离型膜对模型的拉力，要避免这种情况，可以在不起眼的位置打孔，破坏密封腔体结构，减小腔体内外气压差。

（5）模型存在孤岛。

当模型存在孤岛，且孤岛位置对模型的其他部分需要起到支撑作用时，模型自然无法被正常拉起。我们可以用 HALOT BOX 切片软件的模型修复功能修复模型。

（6）上拉速度过快。

打印速度对拉力的影响依然可以用斯蒂芬吸力公式来粗略估计，平台上升越快，dt 越小，拉力F越大。dt和F成反比。如果平台上升的速度过快，过大的拉力可能使当前层脱膜时从打印平台上被扯下，甚至是整个模型被扯下。

（7）离型膜磨损严重。

如果离型膜磨损严重，会增加脱膜时对模型的拉力，这也可能导致当前固化层粘在离型膜上，无法正常剥离。主要表现在以下几个方面。

①料槽或打印平台存在杂质或有磨损。

为了保证良好的附着力，模型和打印平台接触面应该平滑并干净。这就需要打印平台上没有油脂，没有打印残留的其他杂质。如果打印前平台或料槽中存在杂质，自然会阻止固化的部分附着到打印平台上。同样，平台存在磨损问题也会影响固化后的树脂对平台的附着力，如果打印平台有明显的划痕，可以用砂纸进行打磨使其更加平滑，砂纸可以选用 8000 目左右的。也可以选择用磁吸板，这样方便直接更换，省去打磨的时间。

②支撑参数不合适。

我们需要通过调整支撑参数来增加脱膜时支撑对模型的拉力以保证模型可以被正常拉起。将手爪模型（图6-40）放入切片软件，并用HOLOT BOX 来演示测试调整支撑设置。

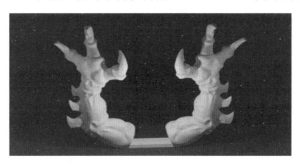

图6-40 手爪模型

在支撑的参数中，最重要的就是支撑顶部（图6-41）。顶部是用来连接模型和支撑的关键部位。顶部结构中有两个参数至关重要，即接触深度、上端直径。

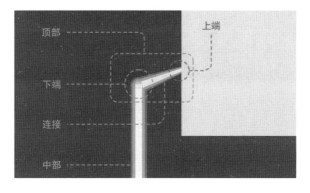

图6-41 支撑结构示意图

接触深度越大，支撑头插入模型的深度就越大（图6-42）。我们需要确保接触深度以在打印平台和离型膜之间的拉力赛中占据上风。

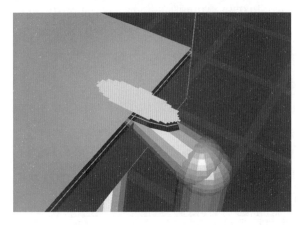

图6-42　支撑头插入模型

上端直径越大，3D打印机的支撑头与模型的接触面积就越大，模型和支撑之间的连接就越牢靠。合理地调整上端直径很重要。

正常来说，由于爪子特殊的结构导致在结构起始处截面变化过大，细支撑明显无法将打印件从离型膜上拉起，会导致打印失败，仅支撑部分打印成功；而中部支撑类型的顶尖直径较大，与模型接触面积较大，可成功将模型拉起，如图6-43所示。

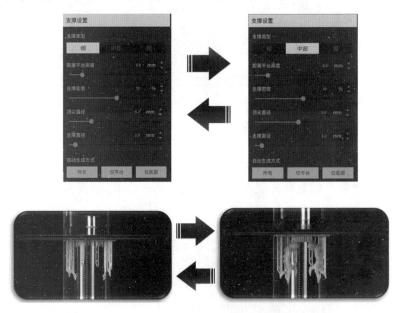

图6-43　两种不同的支撑形式

（8）温度过低。

树脂温度会影响树脂的黏度，过低的温度会增大树脂的黏度，从而影响固化速度，因此打印时也需要避免树脂温度过低。通常来说应保证树脂温度至少高于21℃，建议是27℃。避免在过低温环境或曝晒的高温环境下使用。

（9）设置曝光不足。

由曝光不足引起的固化不充分是导致打印失败很常见的原因，增加底层的曝光时间也会有帮助。一般来说，底层的曝光时间可以设为正常层曝光时间的5~10倍。但是过长的曝光时间会导致过曝从而丢失模型细节，合适的曝光时间受光源强度、树脂光敏特性等因素影响，因此可以通过多次曝光测试的结果来获得最适合自己需求的曝光时间。

（10）硬件问题。

如果屏幕或光源出现故障或老化而导致欠曝，也有可能造成脱膜失败。对于硬件问题的排查需要用到专业的紫外光照度计，如图6-44所示。

图6-44　紫外光照度计

注意：测试时需佩戴紫外光防护眼镜以保证眼睛不受紫外光伤害。

首先取下料槽，观察屏幕曝光图案形状是否和预期一致以及是否有异常，若肉眼看起来正常，可以使用打印机的曝光测试模式对全屏进行曝光，然后用照度计测试屏幕上方的光强，通常来说平均照度应在 $4500\mu W/cm^2$ 以上，若远低于这个值，则考虑是否需要替换屏幕或光源。

以上就是脱膜失败的常见原因与解决方式。同学们在学习光固化打印机使用时应逐项排查并保证每次仅改变一个变量，其他变量保持不变，否则即便问题解决了，我们也无法确定问题出在哪里。

用LCD光固化打印机制作如图6-45所示的"航天员"模型，主要可分以下四步实施。

（1）调平。航天员模型外观较为复杂，为避免模型打印中途发生脱落，应先对打印平台进行调平。

（2）装料。将光敏树脂材料充分摇匀，导入料槽（不可超过最高液位）。

（3）打印。装入U盘，选择打印选项，开始进行打印操作。打印开始大概进行至10层左右，可暂停查看产品底部固化是否存在问题，如无问题可继续打印。

（4）主要参数调节。打印时遇产品固化不合理，无法成型的问题时，适当增加每层固化时间参数（固化时间与产品强度成正比，但固化时间太久可能会出现产品支撑拆除困难等问题）。

注意：如果打印失败，可通过清屏功能进行清屏，清屏时间建议不超过10s，避免浪费材料。

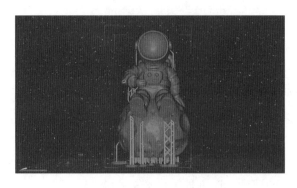

图6-45　航天员模型切片预览

项目 练习

一、填空题

1. 通过调整打印平台底部的旋钮，＿＿＿＿＿＿＿＿喷头与平台的间距，完成FDM打印机工作台的调平。

2. G代码文件名应采用＿＿＿＿＿＿＿＿，避免FDM 3D打印机机器无法读取文件。

3. 装料时应使用＿＿＿＿＿＿＿＿修剪耗材末端为45°左右，以便其顺利装入进料口。

4. 光固化打印机装料前应＿＿＿＿＿＿＿＿光敏树脂，避免有沉积物影响后续的打印。

5. 打印过程中，光敏树脂材料从液态变为＿＿＿＿＿＿＿＿。

6. 抽壳部分在打印过程中可能会形成一个密闭的腔室，＿＿＿＿＿＿＿＿可能会破坏模型或导致意外问题。

二、选择题

1. 如果耗材无法粘附在打印平台上，原因可能是（　　　　）。

　　A.喷嘴距离平台太近　　　　　　　　B. 喷嘴距离平台太远

　　C.喷嘴温度太高　　　　　　　　　　D.滑轮松紧度问题

2. 以下哪种材料适用于FDM 3D打印机？（　　　　）

　　A.PLA塑料　　　B.光敏树脂　　　C.铝合金金属粉末　　　D.不锈钢金属粉末

3. 一般来说，底层的曝光时间可以设为正常层曝光时间的（　　　　）。

　　A.0.5倍　　　　B. 3倍　　　　　　C. 5~10倍　　　　D. 2~5倍

4. 层高设置过大时会（　　　）紫外线穿过当前层到达前一层的强度，从而导致固化程度不足以使打印件成型。

　　A.加强　　　　B.遮挡　　　　　　C.削减　　　　　　D.反射

三、简答题

1. FDM 3D打印机工作时打印平台未调平会产生什么影响？

2. FDM 3D打印机装料操作的步骤有哪些？

3. FDM 3D打印机和LCD光固化打印机分别适合打印什么类型的零件？

3D打印正孕育新增长点

北京冬奥会开幕式上，"微火"照亮主火炬台的创意令人难忘。"微火"虽微，却不乏科技元素：主火炬的外飘带、内飘带及燃烧系统全部采用3D打印技术制作而成。除此之外，中国钢架雪车选手脚下的跑鞋鞋钉也由钛合金3D打印而成。日益广泛的应用场景，让3D打印技术走进了更多人的工作生活，也为我国制造业高质量发展注入新动能。

3D打印是一种增材制造方式，在计算机的精准控制下，将所用的材料按照设计模型进行层层叠加，便能将蓝图变为实物。从运载火箭发动机上使用3D打印零部件，到采用3D打印技术制造的医用护目镜不起雾更贴合，再到3D打印的房屋在多地交付使用……大到数十米的建筑物，小到微纳米尺度的元器件，愈发成熟的3D打印技术如今正深入多个行业，广泛应用于生产生活各个领域。

与模具成型或切削加工的传统制造方式不同，3D打印的制造理念类似于"燕子衔泥垒窝"，具有显著的技术优势、成本优势和品质优势。一方面，摆脱了模具的限制，3D打印可以轻松完成结构更为复杂或者更加个性化的产品制造，为创新设计打开了更大的想象空间。另一方面，区别于铸锻焊的传统工艺，3D打印通过一体化制造，减少了材料浪费，降低了制造成本，有利于提升产品竞争力。比如，在飞机发动机燃油喷嘴的制造中，3D打印技术将过去多个零件逐一制造焊接装配变为一体化打印，化繁为简，使得精度更高、品质更优、燃油效率更高。正是基于这些特点，3D打印技术已成为先进制造的有力工具，在诸多领域大显身手，市场空间较为广阔。从产业化应用看，汽车、电子、航空航天、生物医疗、文化创意等行业主动拥抱3D打印技术，推动创新应用，为加快产品开发、优化产品性能提供助力。从产业链分工看，随着技术不断成熟，3D打印将延展出更专业的产业链分工，包括产品设计服务、专业材料供应商、专业打印企业、第三方检测验证服务商等在内的上下游企业，共同驱动这一新技术产业不断发展壮大。

由原型制造发展为批量制造，从形状控制进化到形性兼具，制造尺度向更小、更大两端拓展……经过多年发展，3D打印技术已取得长足进展，在推动现代制造业发展和传统制造业转型升级中发挥着重要作用。我国拥有完备的产业体系、超大规模国内市场，以此为依托，3D打印技术有望不断拓展应用广度和深度，培育新的发展增长点，推动中国制造向更高技术水平、更高附加价值、更加绿色低碳的方向持续升级。相信随着相关领域政策不断落地，不同行业领域、产业链上下游企业各展其长、相互赋能、协同发力，必将共同推动我国制造业高质量发展。

（来源：人民网）

3D打印模型后处理

项目 概述

3D打印逐层叠加的工作原理，导致打印件表面会出现台阶效应，虽然打印的过程中可以尽量把层厚做小，但在微观尺寸下，仍会存在一定厚度的多级台阶，打印件的表面质量与三维数据的质量、数据切片参数、打印材料、机器精度、打印速度、打印温度等都有关系，为了更好地解决打印件的表面质量问题，需要在打印完成后，对零件本身进行加工，即后处理。后处理是指零件在拿出机器后执行的所有工作，包括但不限于清洗、表面处理、着色等。

思维 导图

本项目的主要学习内容如图7-1所示。

图7-1 思维导图

任务7.1 FDM机器打印模型后处理

 任务导入

小张同学想用FDM打印机打印一小车，打印前设置了支撑，打印结束后，模型内部和外部均有支撑物，车轮也不能滚动，车的颜色还很单一，请问如何做才能既实现滚动，又实现外观光滑有多种颜色的漂亮车子呢？

知识目标

（1）了解使用FDM机器打印模型后处理工具的功能及种类。

（2）掌握使用FDM机器打印模型后处理工艺的种类及方法。

能力目标

（1）能够正确使用工具对FDM打印产品进行后处理。

（2）能够熟知FDM打印产品后处理工艺过程。

素质目标

（1）培养良好的职业素养。

（2）具备环保意识。

（3）培养精益求精的工匠精神。

7.1.1　FDM打印产品后处理常用的工具

1. 分离工具

分离工具主要使用不锈钢平头铲刀用于取件，结构分为刀身与刀柄两部分，如图7-2所示。刀身为不锈钢材料，长度一般分为2寸、3寸、4寸及5寸（1寸约为3.33 cm）；刀柄有橡胶柄和木柄两种。

图7-2　不锈钢平头铲刀

（1）使用方法。取件时用不锈钢平头铲刀（刀刃朝上）的一个角伸入模型与平台之间，使模型与平台出现分离缝隙，铲刀沿着模型的周边铲入，直到模型与平台完全分离。

（2）注意事项。避免铲伤打印机平台；刀刃比较锋利，避免由于操作不当对人体造成伤害。

2. 去支撑工具

（1）偏口钳。

偏口钳又称为水口钳或斜口钳，用于去除模型支撑，钳头材料为碳钢淬火处理，钳身带塑胶绝缘柄，如图7-3所示。

图7-3　偏口钳

①使用方法。使用钳子常用右手操作，将钳口朝内侧，便于控制钳切部位，用小指伸在两钳柄中间来抵住钳柄，张开钳头，这样分开钳柄灵活。

②注意事项。对照数模分清模型部分和支撑部分，避免对模具部分进行剪切；不能用来剪切钢丝，钢丝绳和过粗的铜导线和铁丝，否则容易导致钳子崩牙和损坏。

（2）刻刀。

用于去除模型支撑及修整模型毛边，结构分为刀身与刀片两部分，如图7-4所示。刀片为弹簧钢材料，有多种形状，可以根据模型结构特点进行更换，如图7-5所示。

图7-4　刻刀结构

图7-5　刀片形状

①使用方法。两眼距刀锋约30 cm作业，坐姿正确不易疲劳，保护视力；握刀正确，施力大小适中，使刀杆与刀锋成一条直线，如果施力的方向和刀锋的自然方向有偏差则容易折断刀尖。手指控制刻刀随模型转动。

②注意事项。用力均匀，避免对人体及模型造成伤害。

（3）镊子。

镊子是用于夹取模型上细刺及其他细小部分的工具。常用的有直头、弯头镊子，如图7-6所示。

（a）直头　　　　　　　　　　（b）弯头

图7-6　镊子

①使用方法。用大拇指和食指夹住镊子，使镊子后柄位于掌心，有时需要加上中指进行配合。

②注意事项。用力均匀，以避免手产生抖动。

3. 表面处理工具

（1）整形锉。

整形锉又称为组锉或什锦锉，主要用于修整模型细小部分的表面，按断面形状分为平锉、方锉、三角锉、圆锉、半圆锉等，如图7-7所示。

图7-7　整形锉图

①使用方法。对于尺寸较大的模型，通常需要将模型进行固定，操作者右手握锉刀柄，左手握锉刀前部，对模型表面进行处理；对于尺寸较小的模型，可以一只手固定模型，另一只手握锉刀，对模型表面进行处理。

②注意事项。锉刀要避免沾水、沾油或其他脏物；使用整形锉用力不宜过大，以免折断。

（2）砂纸。

砂纸，俗称砂皮，如图7-8所示。用以打磨模型表面，以使其光洁平滑，达到相应的技术要求。砂纸的目（或号）是指磨料的粗细及每平方英寸的磨料数量。目数越大，磨料越细、数量越多；反之，磨料粗、数量少。常用的砂纸是120~2000目，精细打磨800~3000目。

①使用方法。使模型表面与砂纸接触，施加适当压力用砂纸将模型表面进行打磨。

②注意事项。砂纸打磨模型表面一般从粗目到细目进行使用；需要沿同一个方向来回打磨，这样可以使模型表面更光滑、明亮；砂纸目数越高，打磨越光滑，但速度也越慢。

（3）电动打磨机。

电动打磨机可用于模型的磨削加工及表面抛光处理，使用电源做动力，产品的转速高，噪声小，如图7-9所示。

选择不同形状和型号的磨头，可以在相应加工面上进行打磨、抛光、雕刻、钻孔、修磨、去毛刺等作业。因其重量轻、体积小、头部跳动小

图7-8 砂纸　　　　　图7-9 手持式电动打磨机及打磨头

（可以达到0.02 mm内），使用者操作方便。电动打磨机的打磨效率与常规工具比较，可以提高5~10倍。

①使用方法。使用时根据模型的结构特点，选择不同形状的打磨头。

②注意事项。模型在使用电动打磨机磨削时，要注意打磨速度和打磨量，否则容易损伤模型表面。薄壁件不适合使用电动工具打磨。

（4）酒精灯、打火机。

酒精灯、打火机用于处理模型毛刺或拉丝现象，如图7-10所示。

①使用方法。模型打印后用打火机或酒精灯迅速掠过模型表面燎一下，可以简便易行地处理毛刺或表面拉丝。

②注意事项。速度一定要快，防止烧坏模型。

（5）补土。

牙膏补土是一种混合了有机溶剂的补土，其包装和外观与牙膏相似，如图7-11所示。特点是软、黏，与模型的结合度高，但干燥后会收缩，出现凹陷。

原子灰补土多用于模型塑型、改造和雕刻等作业，可以用美工刀、刻刀等工具去切削，切削要在半硬化的时候进行，不能太用力，以免变形。这种补土方式和泥塑差不多，也可以用来填补模型黏结缝隙，如图7-12所示。

水补土也叫喷涂水性漆，可作为底漆，类似于涂料，用喷涂的方法来附着到模型表面

上，如图7-13所示。水补土有修复表面缺陷、统一模型底色和增强涂料的附着力等作用。

图7-10　酒精灯、打火机　　　　　　　　图7-11　牙膏补土

（6）胶水。

常用的胶水包括502胶、ab胶、软性胶、焊接剂等，如图7-14所示。

   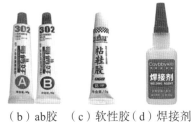  

（a）502　（b）ab胶　（c）软性胶（d）焊接剂

图7-12　原子灰补土　　　　　图7-13　水补土　　　　　　　图7-14　胶水

①使用方法。当模型和打印平台接触角度不好，或支撑过多，可利用软件将模型切开，分成几部分进行打印，打印完成后利用胶水进行黏结。在对模型后处理时，如模型损坏，也需要进行黏结处理。

②注意事项。涂抹过程中，胶水使用时要均匀，避免模型黏结错位或将手黏住。

（7）抛光液。

利用3D抛光液让材料在化学介质中表面微观凸出的部分和凹陷部分优先溶解，从而得到平滑表面，如图7-15所示。

①使用方法。将抛光液倒入容器中浸泡，待模型表面光滑后，取出自然风干即可。

②注意事项。不同品牌的PLA，反应的时长不一样，具体时长需要根据测试确定；使用过程中，不要追求一步到位，如初次抛光效果不明显，可以晾干模型后进行再次抛光，用少量多次的方法抛光，避免掌握不好时间而导致的模型损坏；对于细节很多的且不太明显的模型，谨慎抛光，因模型在抛光的时候，很可能会溶解掉一些细节部分；对于薄壁类模型，可以采取少量涂抹或少量喷洒的形式去抛光，也需要遵循少量多次的原则去抛光，抛光后需要放到平面上晾干，以免模型软化变形。

（8）喷笔。

利用喷笔可以对模型进行喷涂上色，如图7-16所示。喷笔是使用压缩空气将模型漆喷出的一种工具，喷笔上色可以节省大量的时间，涂料也能均匀地涂在模型表面上。但喷笔成本高，上手较难。

①使用方法。喷笔涂料的传输方式是依靠重力的，所以喷笔的喷嘴应时刻向下，保

证杯里的涂料不会向喷笔的后面倒灌，清洗喷笔就变得很容易。否则涂料倒灌，干了会粘住喷笔的顶针，不仅不方便清洗，而且影响喷笔的使用；正确使用喷笔的方法是，食指向下按着按钮，此时喷笔喷出气流，然后轻轻向后拉，就会有涂料喷出，对着想要喷涂的地方喷出即可。

②注意事项。气压大小通过食指向下按的力道来控制；出漆量的大小是通过食指后拉的幅度来控制喷出涂料的量的多少。喷笔后面有一个螺丝（外调喷笔在外面，内调的在里面）是用来确定顶针的最后面的位置的，也就是最大的出漆量。

（9）上色笔。

模型常用的上色笔根据形状和材质不同可以分成两大类。

①形状。一般分平笔、细笔两种，如图7-17所示。平笔用来涂刷面积较大的部分；细笔最适宜点画或描绘精致的效果线和局部的阴影，也用于模型比较精巧的部分，如涂刷人物脸部等细节。

图7-15　抛光液　　　　　图7-16　喷笔　　　　　图7-17　上色笔

②材质。一般有兽毛笔和尼龙笔两种。兽毛笔有白色、茶褐色等不同类型，笔毛纤细，柔韧性强，颜料吸收度和涂色时颜料的流动性好；尼龙笔是用极细的尼龙纤维做成的笔，笔头呈半透明的茶色，很容易识别，弹性强，耐摩擦，对颜料的吸收力较差，笔头使用后较易清洗，比较适合水性涂料。

4. 其他工具

（1）3D打印笔。

利用3D打印笔来填补一些大的缝隙或者断裂的地方，如图7-18所示。3D打印笔的原理与桌面级FDM打印机原理相同，都是热熔原理。

①使用方法。使用时注意控制3D打印笔移动的速度，同时要选取与打印模型相同的材料，如模型采用PLA材料，那么要用PLA进行修补。还要注意不能挤出太多的材料，否则易造成模型表面更多的不平整。

②注意事项。每次使用后都需要退出耗材，防止堵塞3D打印笔；如果电量不足，在操作过程中会自动关机。

（2）台虎钳。

台虎钳是一种通用夹具，常用于夹持、固定小型工件，如图7-19所示。3D打印模型在后处理过程中经常利用台虎钳装夹。

图7-18　3D打印笔　　　图7-19　台虎钳

①使用方法。通过旋转台虎钳手柄将模型进行固定。

②注意事项。夹紧力不要过大，使用软钳口，避免将模型损坏或夹伤。

7.1.2 FDM打印产品后处理方法

1. 分离

当完成模型打印时，打印机会发出蜂鸣声，喷嘴和打印平台会停止加热。将扣在打印平台周围的弹簧顺时针别在平台底部，将打印平台轻轻撤出。把平头铲刀慢慢地滑动到模型下面，来回撬动模型，如图7-20所示。

2. 去支撑

模型由两部分组成，一部分是模型本身，另一部分是支撑材料。支撑材料和模型主材料的物理性能是一样的，只是支撑材料的密度小于主材料的密度，所以易从主材料上移除支撑材料。图7-21所示用刻刀去除支撑材料，可以使用多种工具来去除支撑材料。

图7-20　模型拆除

图7-21　去除支撑

3. 表面加工

表面加工主要包括表面打磨和表面处理。一般的工艺流程为粗打磨—半精打磨—精细打磨—表面处理四大部分。

（1）表面打磨。

表面打磨是借助粗糙度较高的物体通过摩擦改变材料表面粗糙度的一种加工方法，目的是去除零件毛坯上的各种毛刺、加工纹路（层隙及支撑痕迹）。表面打磨一般使用锉刀打磨、砂纸打磨、电动工具打磨等。

①锉刀用于粗打磨，可以分为普通锉刀、整形锉刀和异形锉刀三种。普通锉刀用于锉削一般的工件；整形锉刀又称为什锦锉，适合于工件上细小部位的修整；异形锉刀用于加工各种工件上的特殊表面。锉刀的清理用钢刷或者牙刷沿着锉刀纹路进行刷清。

②在经过锉刀的粗打磨后，就要使用砂纸进行细加工。砂纸打磨是一种廉价且行之有效的方法，优点是价格便宜，缺点也比较明显，打磨精度难以掌握。用砂纸打磨消除纹路速度很快，如果零件对精度和耐用性有一定要求，则不要过度打磨。

砂纸分为各种目数，目数越大就越细。前期砂纸打磨应采用150~600目型号的砂纸。

用砂纸打磨也要顺着弧度，要按照一个方向打磨，避免毫无目的地画圈。用砂纸沾上一点水进行打磨时，粉末不会飞扬，而且磨出的表面会比没沾水打磨的表面平滑些，或者用一个能容下部件的容器装上一定的水，把部件浸放在水下，同时用砂纸打磨。这样不但打磨效果完美，而且可以保持砂纸的寿命。在没有水的环境下，砂纸也可直接进行打磨。

一种实用的打磨方法是把砂纸折个边使用，折的大小完全视需要而定。因为折过的水砂纸强度会增加，而且形成一条锐利的打磨棱线，可用来打磨需要精确控制的转角处、接缝等地方。在整个打磨过程中，会多次用到这种处理方式，用折出水砂纸的大小来限制打磨范围。

③电动工具打磨速度快，各种磨头和抛光工具较为齐全，对于处理某些精细结构，电动打磨比较方便。注意，使用电动工具时，要掌握打磨节奏和技巧，提前计算打磨的角度和深度，防止打磨速度过快造成不可逆的损伤。电动工具如图7-22所示。

（2）表面处理。

表面处理通常采用珠光处理、化学抛光法等。

①珠光处理。

工业上最常用的后处理工艺就是珠光处理。操作人员手持喷嘴朝着抛光对象高速喷射介质小珠，从而达到抛光的效果，一般是经过精细研磨的热塑性颗粒。珠光处理的速度比较快，处理过后产品表面光滑，有均匀的哑光效果，可用于大多数FDM材料上。它可用于产品开发到制造的各个阶段，从原型设计到生产都能用。

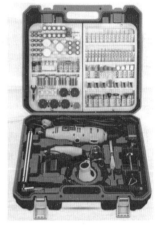

图7-22　电动工具

因为珠光处理一般是在密闭的腔室里进行，所以处理的对象有尺寸限制，且整个过程需要用手拿着喷嘴，一次只能处理一个，不能用于规模应用。

②化学抛光法。

化学抛光法有擦拭法、搅拌法、浸泡法、抛光机法和熏蒸法等。擦拭法是用可溶解PLA或ABS的不同溶剂擦拭打磨；搅拌法是把模型放在装有溶剂的器皿里搅拌；浸泡法是将模型放入盛抛光溶剂的杯子或者其他器具浸泡一两分钟后，模型表面的纹路变得非常光滑，如图7-23所示。注意避光操作和防护，有的抛光溶剂会产生毒性气体；抛光机法是将模型放置在抛光机里面，用化学溶剂将模型浸泡特定的时间，表面会比较光滑，如用丙酮来抛光打印产品，但丙酮易燃，且很不环保；熏蒸法有蒸汽平滑、丙酮蒸汽熏蒸等。蒸汽平滑是将3D打印件放入一个可密封蒸汽室内，蒸汽室内部含有加热可挥发的溶剂作为填蒸汽，加热处理一段时间后，再将3D打印件从蒸汽室内取出进行烘干处理，即完成了蒸汽平滑处理。该技术的主体部分是让蒸汽在材料的零件表面凝结并熔化其表面，消除台阶效应，使零件表面更平坦；

图7-23　化学抛光法

图7-24　丙酮蒸汽熏蒸前后对比

丙酮蒸汽熏蒸是利用丙酮对材料的溶解性，通过加热使丙酮蒸发，蒸发的丙酮蒸汽凝结到零件表面上，对表面材料进行溶解流淌后使表面变得平滑，如图7-24所示。对ABS制品熏蒸一定时间，可使ABS制品表面粗糙度得到改善。丙酮蒸汽熏蒸的使用要求丙酮的沸点大约为56℃，只要简单加热即可沸腾产生蒸汽，但不可过度加热。过高的温度会使丙酮浓度过高，当它在空气中的浓度超过11%时，就会有爆炸的危险。

同时，过度吸入丙酮对人体有害，故在熏蒸过程中要求环境通风情况良好，避免爆炸和对人体产生危害。若有防毒措施，操作人员可做好防毒准备。因为ABS材料溶于丙酮，只对ABS材料的3D打印件有效，PLA材料不可用丙酮抛光，有专用的PLA抛光液，把模型放入液体中浸泡数秒即可抛光。

4. 上色

模型上色目的是让模型颜色丰富多彩，使模型变得生动和富有层次感，从而提高工件的外观质量。

FDM打印产品一般采用涂料上色法。涂料上色有两种方法，一种是手刷上色，另一种是喷涂上色。

手刷上色是在模型经过打磨抛光后，用刷子手工上色。这种方法能体现细节，在模型细节颜色基本处理到位之后，等待颜料经风干基本干透之后，再用光油进行最后的处理，喷上光油的零件更加透亮美观，也更好保存。手工精细上色简单易学、易操作，表面想要获得较好的色彩效果，需先涂上一层浅色底色打底，再涂上主色，以防出现颜色不均匀或反色的现象。

手刷上色需要采用十字交叉涂法进行上色，即在第一层将干未干之时，加上第二层的新鲜油漆，第二层的笔刷方向与第一层成垂直直角。

因使用的大多是油性染料，手工精细上色的色彩光泽度微高于浸染，而低于喷漆、电镀和纳米喷镀。在产品效果方面，受人工熟练程度、二次上色把握程度等多种因素影响，在效果上很难达到理想状态。同等产品上色效果最差，但手工上色简单易操作，造价成本较低，如图7-25所示。

喷涂上色常用的工具有喷笔与喷灌，其原理一样，都是将喷料喷成气雾状沉积在零件表面，并使表面涂层光洁无上色痕迹，如图7-26所示。而手刷上色，要做到无痕迹很难。喷笔涂装与喷灌涂装两者在喷涂面积、涂料浓度、油漆的选用上有着一定的区别，要根据设备的使用要求进行选择和操作。喷漆上色的油漆附着度较高，适用范围较广。受产品原镜面影响，喷漆的色彩光泽度仅次于电镀和纳

图7-25 手刷上色

图7-26 喷涂上色

米喷镀效果，但作业色彩比较单一，受喷涂技术和油漆干燥度等影响，多色喷涂较为困难。在制作周期上，喷涂后需要晾晒和细节处微调，作业周期需3~4 h小时。产品效果上，受人工熟练程度、二次上色把握程度、喷点衔接等多种因素影响，喷涂上色的技术需求较强。一般情况下，喷涂上色的造价成本适中且适用范围最广。

用FDM打印机打印一个小车结束后，第一步用铲刀把小车同打印平台上分离；

第二步用偏口钳或者刻刀去除支撑；第三步用120~800目砂纸进行粗打磨；第四步用2000~3000目砂纸进行精细打磨；第五步给模型上色。

由于小车比较小，采用手工涂抹法使用笔直接上色。在涂装颜料的过程中，要选用大小适合的笔来进行涂装，直接购买常用的水粉笔即可。具体操作如下：

（1）稀释。为了使颜料更流畅、涂装色彩均匀，可以使用吸管滴入一些同品牌的溶剂在涂料皿里进行稀释。普通丙烯颜料更加简便，可以用干净的水来稀释。稀释时，根据涂料干燥情况配合不同量的稀释液。让笔尖自然充分地吸收颜料，并在调色皿的边缘刮去多余颜料，调节笔刷上的含漆量。

（2）涂绘方法。手工涂漆时平头笔刷在移动时应朝扁平的一面刷动，下笔时由左至右保持手的稳定且以均匀的力道移动，笔刷和表面的角度约为70°轻轻地涂刷，动作越轻，笔痕会越不明显。只有保持画笔在湿润的状态进行，含漆量保持最佳湿度，才能有最均匀的笔迹。动作不标准可能会产生难看的笔刷痕迹，并且使油漆的厚度极不均匀，使整个模型表面看起来斑驳不平。

（3）消除笔痕。涂料干燥时间的长短也是决定涂装效果好坏的因素之一。一般要至第一层还未完全干透的情况下涂上第二层油漆，这样才能消除笔触痕迹。第二层的笔刷方向和第一层成为垂直直角，称为交叉涂法，以井字来回平涂两到三遍，使模型表面笔纹减淡，色彩均匀饱满，如图7-27所示。

图7-27　上色后的小车模型

任务7.2　LCD光固化机器打印模型后处理

任务导入

小李同学使用LCD光固化机器打印游览车模型，打印前设置了支撑，打印结束后，模型上有支撑物，飞机的颜色单一，请问如何做才能使其成为外形美观、有多种颜色的漂亮游览车模型呢？

任务目标

知识目标

（1）了解后处理工具的功能、类型，掌握后处理工具的应用。

（2）掌握后处理工艺流程及操作方法。

技能目标

（1）能够正确使用工具对光固化打印产品进行后处理。

（2）能够熟知光固化打印产品后处理方法。

（3）能够按照操作规范使用工具。

（4）能够按照工艺流程进行操作。

素质目标

（1）培养崇高理想信念与家国情怀的爱国主义精神。

（2）培养热爱生活、保护环境的意识。

（3）培养脚踏实地、吃苦耐劳和精益求精的精神。

 知识准备

7.2.1　LCD光固化打印产品后处理常用工具

1.防护工具

（1）丁腈手套。

使用方法：先戴上手指部分，然后慢慢往上拉。在处理液体树脂时，正确戴上手套，以免弄脏手或接触树脂引起过敏，操作完成后使用洗手液清洗双手，如图7-28所示。

注意事项：千万不要先让手掌进入手套，避免扯破手套。

（2）口罩。

光固化树脂现在大多数用的是甲基丙烯酸甲酯，一般有一股异香。除了保持良好的通风外，还可以戴口罩来隔绝气味，如图7-29所示。

图7-28　丁腈手套　　　　图7-29　口罩

2.取件工具

（1）金属铲刀。

①使用方法。金属铲刀（图7-30）可以用来把成品或失败品从成型平台上取下来。铲除时要耐心、小心，找到发力点，这样可以避免弄断模型。只要模型和成型平台铲出一丝缝隙，接下来的铲除就很容易。

图7-30　金属铲刀

②注意事项。取打印平台的模型时用金属铲刀，切记不要用金属铲刀触碰料槽内的离型膜。

（2）塑料铲刀。

①使用方法。当打印失败时，用塑料铲刀铲除粘在料槽底部的固化树脂，如图7-31所示。

②注意事项。取打印平台的模型时用金属铲刀，切记不要用塑料铲刀，铲刀易损坏。

3. 清洗工具

（1）软毛刷。

在酒精中清洗模型的时候，可用软毛刷轻轻刷掉模型表面的树脂，如图7-32所示。

（2）喷瓶。

①使用方法。模型的有些部位是软毛

图7-31　塑料铲刀　　　图7-32　软毛刷

刷刷不到的，使用装有酒精的喷瓶对准角度冲洗模型较深的部位，如图7-33所示。

②注意事项。在使用装有酒精的喷瓶进行清洗操作时，应远离明火。

（3）无尘布/纸巾。

把模型从酒精中取出后，用纸巾或无尘布来擦拭模型表面，如图7-34所示。

图7-33　喷瓶　　　　　　图7-34　纸巾

7.2.2　LCD光固化打印产品后处理方法

1. 分离

分离是从平台取下模型。模型打印完毕后，戴上口罩、手套用刀具取下模型。取下模型需要一定的技巧，不能用蛮力撬，要有耐心，用铲刀围绕着底筏四周，直到找到切入点。只要铲刀铲进底筏和成型平台之间的缝隙，慢慢地继续深入，模型就很容易从成型平台分离，如图7-35所示。

2. 去支撑

去支撑即去除因加工过程中生成的起到支撑作用的多余结构，内部支撑可不去除。去支撑时须使用裁剪工具，去除掉靠近模型的支撑。尽量避免直接用手去除支撑，因为这样很容易让模型留下坑坑洼洼的洞。

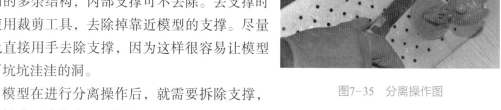

图7-35 分离操作图

模型在进行分离操作后，就需要拆除支撑，支撑拆除后才能放入酒精中进行清洗。拆除的支撑建议单独放入一个垃圾桶，如图7-36所示。

图7-36 去支撑

3. 清洗

清洗是指用酒精或其他有机溶剂将成型件表面残留的光敏树脂彻底洗掉，如图7-37所示。模型支撑拆除完毕后，将模型放入收纳箱内，加入酒精没过整个模型，浸泡5 min。在这个时间做好防护工作，穿工作服，戴好口罩和护目镜，开始用排刷清洗模型，清洗完成后，查看模型接口内是否有残余树脂，如一些螺纹柱、夹角等，排刷进入不了的地方，这些模型再次放入超声波内清洗，时间为20 min左右，清洗完成后，取出用气泵或风筒吹干，如图7-38所示。

清洗时收纳箱最好放置于工作台上，使工作人员为站立状态工作，可以减少树脂在清洗过程中溅射到衣服和鞋子上，更或者面部等重要位置。酒精属于易燃易爆品，必须存放于防爆箱内。

图7-37 清洗操作 图7-38 吹干操作图

4.固化

固化是指将树脂原型放到固化箱中进行紫外光照射，以便进一步提高原型强度。固化后的模型表面更加坚硬与干燥，这使得它们更容易打磨和喷漆。

模型用压缩空气吹干后，放入固化箱内，固化15 min左右，然后把模型翻面再次固化15 min。使用固化箱时候按下电源与启动，设置好计时器设备就会开始工作。

5.表面打磨

表面打磨是指打磨原型件表面以提高表面粗糙度和尺寸精度，特别是附着有支撑及台阶效应明显的部位。砂纸打磨和砂棒打磨分别如图7-39、图7-40所示。

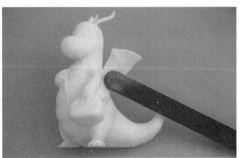

图7-39 砂纸打磨　　　　　　　　　　图7-40 砂棒打磨

6.上色

对于喷漆上色的模型，先打磨处理到足够的目数，一般在1500目左右，分析喷漆所需的颜色，准备相应颜色的染料，高规格的喷漆需用色卡来标识以准确涂装颜色，如图7-41所示。

图7-41 色卡、喷漆、染料

上色可以使用画笔描绘与喷笔喷涂等，画笔通常用于对模型细节处进行勾勒，如图7-42所示。

喷笔通常用于喷涂较大区域。喷笔喷涂时应根据被喷工件选择合适的涂料以及适当的黏度，根据涂料的种类、空气压力、喷嘴的大小以及被喷面的需要量来进行喷涂操作。

上色的喷笔的涂料的传输方式是依靠重力的，故喷笔的喷嘴时刻都向下，这样还有一个好处是杯里的涂料不会向喷笔的后面倒灌，清洗喷笔就变得很容易，否则涂料倒灌，干了会粘住喷笔的顶针，不仅不方便清洗，而且会影响喷笔的使用。

（1）使用方法。

食指向下按着按钮，此时喷笔就会喷出气流，然后轻轻向后拉，就会有涂料喷出，对着需要喷的地方喷出，喷嘴稍稍向下，如图7-43所示。

（2）喷涂技巧。

喷嘴口径一般设为0.5~1.8 mm；供给喷枪的空气压力一般设为 0.3~0.6 MPa；喷嘴与被喷面的距离一般设为20~30 cm；喷出气流的方向应尽量垂直于物体表面；操作时每一喷涂条带的边缘应当重叠在前一已喷好的条带边缘上（以重叠1/3为宜），喷枪的运动速度应保持均匀一致，不可时快时慢。

图7-42 手绘上色操作　　图7-43 喷笔喷涂操作

7.2.3 光固化打印产品后处理常用的设备

1.超声波清洗机

（1）超声波清洗机的工作原理。

超声波清洗机主要是通过换能器，将功率超声频源的声能转换成机械振动，通过清洗槽壁将超声波辐射到槽子中的清洗液。由于受到超声波的辐射，使槽内液体中的微气泡能够在声波的作用下保持振动。破坏污物与清洗件表面的吸附，引起污物层的疲劳破坏而被剥离，气体型气泡的振动对固体表面进行擦洗。

（2）超声波清洗机的特点。

清洗速度快，清洗效果好，清洁度高，工件清洁度一致，对工件表面无损伤；无须人手接触清洗液，安全可靠，对深孔、细缝和工件隐蔽处亦清洗干净；节省溶剂、热能、工作场地和人工等；清洗精度高，可以强有力地清洗微小的污渍颗粒。

（3）超声波清洗机的应用。

超声波清洗机应用范围广泛，适用于各行业的工件清洗，如精密电子元件、钟表零件、光学玻璃零件、五金机械零件、珠宝首饰、半导体硅片、涤纶过滤芯/喷丝板、医疗器械等的清洗及零件电镀前后的清洗。

（4）超声波清洗机的结构。

超声波清洗机由不锈钢清洗槽、过滤循环系统、恒温加热系统等组成，采用优质不锈钢板制作，耐腐蚀能力强，使用寿命长。采用超声换能器，配合先进黏结工艺，电声转换效率高，超声输出功率强。配有恒温自动加热装置，温控范围为常温到95℃。超声波清洗机主要有内置发生器机型和外置发生器机型两种，其命名方式如图7-44所示。

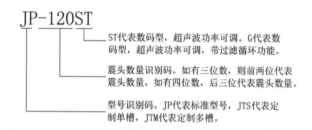

ST代表数码型,超声波功率可调。G代表数码型,超声波功率可调,带过滤循环功能。

震头数量识别码。如有三位数,则前两位代表震头数量,如有四位数,后三位代表震头数量。

型号识别码。JP代表标准型号,JTS代表定制单槽,JTM代表定制多槽。

JP-120ST即为带12个震头,功率可调的数码型标准机;

JP-120G即为带12各震头,带过滤循环功能的功率可调的数码型标准机

图7-44　超声波清洗机命名

超声波清洗机内置发生器机型JP-120ST结构简图如图7-45所示,其内置发生器机型控制面板如图7-46所示。使用时注意事项:

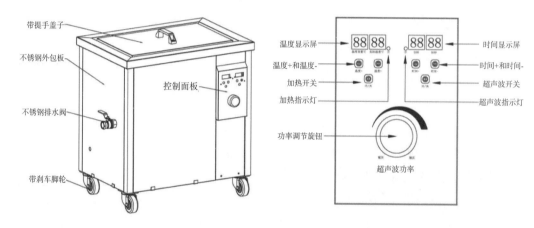

图7-45　超声波清洗机内置发生器机型JP-120ST 结构简图

图7-46　内置发生器机型控制面板

①将机器万向轮锁死,防止机器溜动。

②将机器进左侧排水球阀与排水管路连接。

③将机器电源线插头插入供电插座内,不带插头的电源线要接入供电空气开关中。注意一定要有可靠接地。

④加清洗液至清洗槽内槽高度 2/3 处。将需要清洗的工件放在清洗篮中,清洗篮放入机器内槽上架起。

⑤在控制面板中按压"温度+"和"温度-"设置好温度,按压加热开关开启加热,此时,加热指示灯亮。

⑥温度到达设定温度后,按压"时间+"和"时间-"设置好超声波清洗时间,按压超声波开关开启超声波,超声波指示灯亮,发出"滋、滋、滋"的声音,超声波功率旋钮可调节超声波功率大小。

⑦清洗完毕后,关掉加热开关,实际温度不再闪烁,断开超声波电源线,打开排水球阀,排净内槽清洗液,完成清洗。

超声波清洗机外置发生器机型JP-120G结构简图如图7-47所示。使用时注意事项：

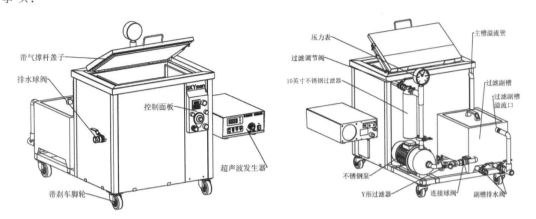

图7-47　超声波清洗机外置发生器机型JP-120G结构简图

①将机器万向轮锁死，防止机器溜动。带脚杯的机器，将脚杯扭至地面支撑起机器，万向轮悬空1~2 cm。

②将机器高频驱动线和远程插头连接到外置发生器后侧。其中"A+"和"A−"分别连接发生器后部"+"和"−"位，"NC"为空位，不需要连接，远程插头插入航空插座内，发生器电源线接入客户插座内，如图7-48所示。

图7-48　发生器电源线接入客户插座内

③将机器电源线接入供电插座内，不带插头的机器和三相380V的机器电源线要接入供电空气开关中。注意一定要有可靠接地。

④加清洗剂至清洗槽内槽高度 2/3 处。将需要清洗的工件放在清洗篮中，清洗篮放入机器内槽上架起。

⑤在控制面板旋转温度调节旋钮，即可设置好加热温度，此时，"正在加热"亮起。当温度到达时，"温度到达"指示灯会亮起，如图7-49所示。

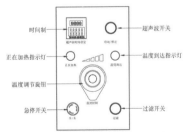

图7-49　外置发生器机型控制面板

⑥温度到达后，在控制面板时间制中设置好超声波工作时间，按压时间制右侧的超声波开关按钮，同时打开超声波外置发生器面板上的电源开关，超声波开启。外置发生器控制面板上的功率调

节旋钮可以调节超声波功率。发生器面板如图7-50所示。

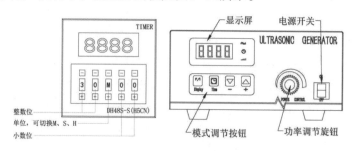

图7-50 发生器面板

时间制设定方法：按压上方"-"和下方"+"可以切换位数和单位，默认"30M00"代表超声波清洗时间为30 min，如要设置1h设置为"60M00"或者"01H00"。

⑦时间制设定时间到达后，超声波自动停止，将温度调节旋钮调到30℃以下，断开超声波清洗机电源线，关闭发生器电源开关，打开排水球阀，排净内槽清洗液，完成清洗。

⑧带过滤循环的机器，如要使用过滤循环功能，主槽水位要加到溢流口位置，过滤副槽水位要加到副槽溢流口位置，打开连接水泵和副槽的球阀，过滤调节阀要处于半开状态，按压控制面板过滤开关，开启过滤循环，过滤调节阀可调节过滤循环速度。

超声波清洗机使用步骤如下。

①安装设备。参照超声波清洗机安装说明书连接清洗机的电控柜与主机间的温控传感器信号线、超声驱动线、加热器控制线等线路，并接通380 V交流电源，安装清洗机的上水管、放水管与溢流排放管。

②加入清洗溶液。向清洗池内加入适量清洗液（水或酒精），液面高度以浸没将要清洗的零部件为准，一般不超过清洗池的四分之三。

③超声波清洗机预处理。清洗之前宜先将零部件表面的污垢，简单清洁后放入其中，以便延长清洗液使用寿命。

④清洗。采用浸洗方式，将待清洗的零、部件浸泡在清洗液里，依托清洗液和污垢之间发生的物理、化学反应使污垢逐渐软化，最终从零、部件表面脱落下去。

⑤整理设备。清洗完毕后，取出零、部件，并整理超声波清洗机，注意防火防电。

注意：超声波清洗机一般具有加热功能，切记不可以开启，酒精属于易燃易爆物品。

2. 紫外线固化箱

（1）紫外线固化箱的工作原理。

紫外线光（UV）固化是利用光引发剂（光敏剂）的感光性，在紫外线光照射下光引发形成激发生态分子，分解成自由基或离子，使不饱和有机物进行聚合、接枝、交联等化学反应达到固化的目的。

紫外灯的红外辐射的处理方法：紫外线高压汞灯将60%的总功率转变为红外辐射，灯管表面温度可升到700~800℃。为了避免材质过热，紫外光固化装置中采用高功率灯和多灯系统受到重视，因此装置中一般要采取多种措施来冷却灯管、反射灯罩以及基材。在用于光固化涂料时，要设法调节好温度，一方面要避免材质过热，另一方面要使涂层温度有所升高，升高温度有利于固化反应。现常用办法有三种，其一，风冷却，这种方法是现今应用最多的方法，成本较低；其二，水冷却，在灯管外加装水套，该方法效果好，但成本较高；其三，加装光学片，将红外辐射与固化物隔离，适用于易变形产品。

（2）紫外线固化箱的特点。

①紫外线固化时间短，没有挥发性溶剂（水、醇）的挥发。

②不会引起产品的变质、变色。

③紫外线固化树脂是单一液剂，不必和溶剂等混合。

④在紫外线照射前不会硬化，可修正操作。

（3）紫外线固化箱的应用。

目前紫外线固化技术已广泛用于化工、电子、表面处理、印刷等领域，适合于高产快速、节省能源和空间、环境改善、低温处理等应用场合。

（4）紫外线固化箱的结构。

紫外线固化箱（如图7-51所示）主要由电源、灯箱（可变形为手持式光源）和固化箱三部分组成。紫外面光源采用模块型设计，可手持、固定、箱式使用。

①可移动的UV灯头。手持式光源包含一个长寿命的400 W高压汞灯，发射出UVA（320~390 nm），主光强度分布均匀。灯泡寿命为1000 h。灯头由软线与主电源箱连接，方便移动使用或安装在客户的夹具、传送带或自动化机器上。

固化箱　　　　电源开关

固化箱内部　　　　计时器

图7-51　紫外线固化箱

②V固化箱。设备包含固化箱，带有箱门，开关方便，在元件的固化过程中，能够保护用户免受紫外辐射。内置遮光型快门，设备集成可伸缩遮光型手动快门，确保固化的优良重复性，保护用户开关固化箱门时免受紫外辐射。固化箱内有反光的内壁结构以及优化设计的反光镜，可保证达到均匀照射效果。

③强制风冷系统。包含光源、电源、固化箱集成冷却风扇，使得系统在散热良好的环境工作，增加了系统可靠性。同时开关快门计时，石英片、固化箱内可安装升降板可进行选配。

1. 分离

游览车模型由三个部分组成，每个部分打印完成后，戴上口罩、手套将打印平台与打印件一并从打印机上取出，如图7-52所示；应用铲刀找到切入点轻铲支撑底座边缘，使打印件与平台分离，如图7-53所示。注意：使用铲刀时务必注意安全，以免刮伤手指或者打印件。

图7-52　取出打印件　　　　　图7-53　部件分离

2. 去支撑

在将打印模型与平台分离后，整个打印件上布满支撑，采用剪刀钳剪除支撑，将剪除的支撑单独存放在一个垃圾桶中，如图7-54所示。

在剪除支撑的过程中，注意不可完全贴着支撑与打印件接口处剪切，否则易出现因树脂材料过脆而去除过量，破坏打印件表面质量。

3. 清洗

打印模型使如采用可水洗树脂打印，结构无死角易清洗，故直接采用清水冲洗；如采用普通树脂材料打印，需采用酒精进行喷洗或超声波清洗。清洗后效果如图7-55所示。

图7-54　去除支撑　　　　　图7-55　清洗后效果

4. 固化

对打印模型进行了去支撑、清洗操作后，模型主体材料的质地仍较柔软，无法对模型进行打磨，需将打印模型放入固化箱进行二次固化5~15 min（若无固化箱可将模型置阳光下照射固化，但固化时间较长）。

5. 表面打磨

（1）初步打磨。打印模型固化完成后，采用200~400目粗砂纸对模型进行初步打磨，磨平模型上凸起瑕疵。

（2）细节部位打磨。采用电动打磨工具打磨细节部位并清洗，如图7-56所示。

（3）细打磨。用800~1000目砂纸对模型进一步打磨、清洗，得到表面较为光滑的打印模型，如图7-57所示。

由于游览车模型对外观质量要求极高，故最后采用1200~2000目砂纸沾水对模型进行打磨、清洗。得到光滑的游览车模型，如图7-58所示。

6. 上色

根据游览车的涂装设计要求，分析喷漆所需的颜色，准备相应颜色的油漆。采用潘通色卡最终选定油漆颜色：外观交通黄对应潘通115U，外观群青蓝对应潘通2935U，内装颜色对应潘通5305U。

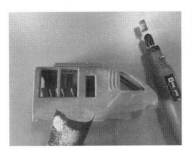
图7-56　初步打磨

图7-57　细节打磨

（1）零件预处理。对于喷漆上色的模型，需进行打磨处理到足够的目数，一般在1500目左右，再彻底清洗。由于游览车模型已打磨到2000目左右，可直接进行上色处理。打磨，

图7-58　细打磨后游览车模型

是为了增加油漆附着力；清洗，是为了洗去油污，让漆面平整自然没有缩孔（零件表面有污渍使此处表面张力过大，油漆不附着在漆面上形成一个小孔）。

（2）喷底漆。为了增加游览车模型表面油漆的附着力，必须要在游览车模型表面喷一层底漆。

（3）喷面漆。因为油漆漆面并不是完全不透明的，所以下层的颜色对上层有影响。比如，在黑色上喷红色和在黄色上喷红色是不同的，前者暗淡（艾比安红）、后者明亮（新安洲红）。

游览车模型底漆采用白色底漆，考虑蓝色油漆遮盖能力大于黄色油漆，故首先整体喷涂黄色油漆，在黄色基础上进行遮盖，喷涂蓝色油漆，如图7-59所示。

（4）保护漆。通常模型要喷消光漆，也叫喷光油（即通常说的"清漆"），一来是保护漆面不受划伤、保护水贴纸，二来是统一模型零件的光泽度，如图7-60所示。

图7-59　喷涂面漆

图7-60　喷涂光油

7. 组装

对打印模型进行后处理后，使用模型胶水将三个部分黏结在一起，最后得到游览车模型如图7-61所示。

图7-61 游览车模型

项目 练习

一、填空题

1. 不锈钢平头铲刀用于取件，结构分为_____与_____两部分，刀身为_____材料，长度一般分为_____寸、_____寸、_____寸及 5 寸；刀柄有_____柄和木柄两种。

2. 常用的砂纸是 120~_____目，精细打磨_____~3000 目。

3. 化学抛光法有_____、搅拌法、浸泡法、抛光机法和_____等。

4. 锉刀用于_____打磨，可以分为_____、整形锉和异形锉三种。

5. LCD 光化打印件后处理常用的清洗工具有_____、_____和_____等。

6. LCD 光化打印产品后处理方法有_____、_____、_____和_____等。

7. LCD 光化打印产品后处理常用的防护工具有_____和_____等。

8. LCD 光化打印产品完成后取件工具有_____和_____等。

二、选择题

1. 操作人员手持喷嘴朝着抛光对象高速喷射介质小珠从而达到抛光的效果属于（　　　）。

    A.珠光处理　　　B.擦拭法处理　　　C.搅拌法处理　　　D.浸泡法处理

2. 前期打磨采用（　　）目砂纸。

    A.800~2000　　　B.150~600　　　C.2000~2500　　　D.2500~3000

3. 紫外线固化箱主要由电源、灯箱和（　　　）三部分组成。

    A.固化箱　　　B.清洗箱　　　C.加热箱　　　D.防尘箱

4. 使用喷笔喷涂时，喷嘴与被喷面的距离一般以（　　　）为宜。

    A. 5~10cm　　　B. 10~20cm　　　C. 20~30cm　　　D. 30~40cm

三、简答题

1. 超声波清洗机的工作原理是什么？

2. 使用超声波清洗机清洗时注意事项有哪些？

3. 紫外线固化箱的工作原理是什么？

4. 手工涂绘法操作的步骤有哪些？

5. 用砂纸打磨时，如何确保粉末不会飞扬？

她的"航空梦想"让战机拥有更多可能性

航空工业沈阳飞机工业（集团）有限公司（以下简称"沈飞"）有着"中国歼击机摇篮"之称。

2012年，李晓丹博士毕业后加入沈飞。2013年，她把科研攻关的目标瞄准国内航空制造领域的前沿——金属增材制造技术，勇挑重担开启研发。

"增材制造技术，就是人们熟知的3D打印。"李晓丹说，这项技术对当时国内航空领域而言还是一项新材料、新工艺、新技术，缺乏全面的材料性能数据以及完整的工艺流程研究，也缺乏相关的标准和规范。

李晓丹和队员不分昼夜地在现场反复验证试验参数，优化工艺流程，仅用了28天就研制出了沈飞第一个3D打印的航空零件——三通管路件，创造了行业内以最短时间实现高端装备使用并具备零件生产能力的先例。

首战告捷，但从"产得出"到"用得上"，是一个漫长而艰辛的过程。

随后的8个月里，李晓丹带领团队埋头攻关，对其应用展开了全方位的工艺研究和产品性能测试，仅试验数据及分析报告就完成了800多页。

"我的航空梦想，就是推进新技术在航空领域的应用，提高效率，提升性能，解放设计，让未来的战机拥有更多的可能性。"李晓丹说。

2016年10月，我国中型四代机搭载着数十项由李晓丹团队研制的增材制造零件首飞成功，标志着我国增材制造技术已经步入工程化应用阶段。

2021年，李晓丹又面临了一项新的考验。沈飞首次承接某验证机研制任务，而当时公司在设计与建立快速试制流程体系方面的经验还是一片空白。公司领导鼓励能者"揭榜挂帅"，李晓丹主动请缨，组建团队，全力开展技术攻关。经过100多个日夜，比计划提前近一周完成新机交付。

"这些成绩的取得，是罗阳精神在新时代里生动实践的结果，罗阳同志矢志不渝、航空报国的爱国情怀已融入我们的血脉。"李晓丹说。

时间回到2012年11月25日，罗阳在随"辽宁号"航母成功完成歼-15舰载机首次起降试验任务返港靠岸后，因过度劳累不幸辞世，年仅51岁。"每当看着飞机飞上蓝天，我都会想到他，他的精神和事迹感染着很多人。"李晓丹说。

在李晓丹的工作笔记本扉页上写着这么一句话，"信仰不是一种学问，而是一种行为，它只有被实践的时候才有意义。"11年来，她的工作笔记本换了一本又一本，但这句话从未改变。

如今，李晓丹已成长为航空工业集团一级技术专家，她主导的增材制造技术已在航空领域实现多型号、多材料、多领域的设计和应用，还先后参与了30多项行业标准、集团标准和企业标准的编制。

"航空报国、航空强国不是一句口号，也不是一种荣誉，而是一份沉甸甸的责任。为了祖国领空的安全，为了早日实现航空强国的目标，我将继续冲锋，把科技创新书写在祖国的蓝天上。"李晓丹说。

（来源：人民网）

项目

常见3D打印
故障排除

8

项目 概述

3D 打印过程中，因为使用不当、配件损坏或耗材不良等各种原因，会直接影响 3D 打印设备制作模型工作。了解常见的 3D 打印故障，有利于我们在打印过程中快速地分析故障原因，及时解决遇到的问题。

思维 导图

本项目的主要学习内容如图 8-1 所示。

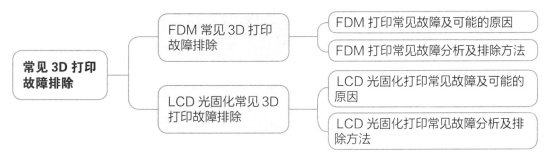

图8-1 思维导图

任务8.1 FDM常见3D打印故障排除

 **任务导入**

小张同学打算用FDM打印机打印一辆玩具小车，但在打印的过程中遇到了不少的问题，如打印的模型无法粘到打印平台上，模型翘曲，打印中途挤出停止等问题，那么小张同学应该如何解决呢？

 **任务目标**

知识目标

（1）了解使用FDM打印的常见故障。

（2）掌握使用FDM打印故障排除分解方法。

能力目标

（1）能够熟知FDM打印的常见故障及可能的原因。

（2）能够发现FDM过程中的问题并能动手解决问题。

素质目标

（1）培养居安思危、未雨绸缪的意识。

（2）培养科学严谨的工作态度。

（3）培养爱岗敬业的职业素养。

 知识准备//

8.1.1　FDM打印常见故障及可能的原因

FDM打印常见故障及可能的原因见表8-1。

表8-1　FDM打印机常见打印故障及可能的原因

序号	问题描述	可能的原因
1	打印开始，耗材无挤出	耗材未加载到位
		喷嘴距离成型面板太近
		挤出机刨料
		堵料
2	打印的模型无法粘到打印平台上	打印平台没有调平
		喷嘴距离平台太远
		第一层打印太快
		打印温度或冷却设置有问题
		成型面板问题
		增加边缘和底座
3	挤出不足	耗材直径不正确
		流量过小
4	出料过多	参照挤出不足的处理办法进行反向排查
5	顶部出现孔洞或缝隙	顶部实心层数不足
		填充密度太低
		挤出不足
6	拉丝或者垂料	回抽距离太少
		回抽速度太慢
		喷头温度太高
		空行程距离太长
		空行程速度太慢
7	过热	散热不足
		喷头温度过高
		打印速度太快
		一次打印多个模型
8	层错位	打印速度太快
		机械原因
		电气原因
		外力引起错层

序号	问题描述	可能的原因
9	层开裂或断开	层高太高
		打印温度太低
		打印速度太快或壁厚太薄
10	刨料	挤出回抽参数太高
		打印温度太低
		打印速度太快
		堵料
		喉管内铁氟龙管碳化
11	喷嘴堵料	手动推送线材进入挤出机
		重新加载耗材
		清理喷嘴
12	打印中途挤出停止	断料或耗材用完
		刨料
		喷嘴堵料
		挤出机电机驱动温度过高
13	填充不牢	更换填充图案
		降低打印速度
		增大填充走线宽度
14	斑点或疤痕	回抽和滑行设置
		避免不必要的回抽
		回抽不平稳
		选择起点的位置
15	填充与轮廓之间的间隙	轮廓重叠不够
		打印速度太快
16	模型顶部疤痕	挤出过多
		垂直抬升（Z 抬升）
17	侧面线性纹理	挤出不稳定
		喷头温度不稳定
		机械问题
18	振动与颤纹	打印速度太快
		加速度过高
		机械问题
19	模型无细节	允许打印薄壁特征
		增加模型厚度
		安装孔径规格更小的喷嘴
20	翘曲	使用热床
		禁用模型冷却风扇
		使用加热保温腔体
		增加边缘和底座
21	连桥不良	桥墙设置
		连桥表面设置
		桥梁过长，增加支撑

8.1.2 FDM打印常见故障分析及排除方法

1.打印开始，耗材无挤出

耗材无挤出主要有以下4种情况。

（1）耗材未加载到位。

原因分析：预热时挤出机处于静止状态，耗材熔化后由于自身重力原因会流出喷嘴，导致喷嘴内无耗材。打印开始时，喷嘴的耗材会延迟挤出。

解决办法：

①打印前，先预热进料：预热喷嘴，按住挤出夹，然后手动推动耗材，直到喷嘴有耗材流出、确保喷嘴里充满耗材再打印，如图8-2所示。

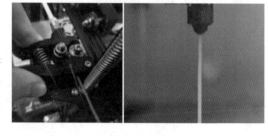

图8-2 耗材手动推动

②切片软件中设置裙边（Skirt）。裙边不属于模型的一部分，切片时设置裙边如图8-3所示，可以让耗材延迟挤出的部分消耗在裙边。打印模型时，喷嘴里面就会充满耗材，正常打印。

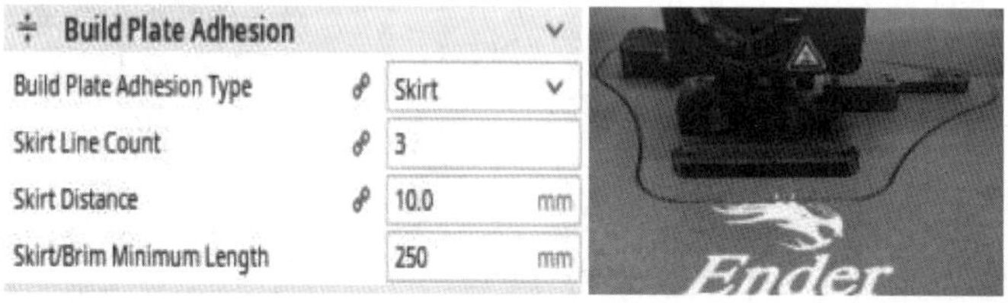

图8-3 裙边设置

（2）喷嘴距离成型面板太近。

问题描述：成型面板上无耗材黏附，甚至被刮出刮痕，平台被喷嘴刮坏；挤出齿轮出现回弹，导致耗材无法送入。能正常出料但无法判定喷嘴与成型平台距离太远还是太近可参照图8-4所示来进行判定。

原因分析：喷嘴离成型面板太近，成型面板会将喷嘴堵住，导致耗材无法挤出，如图8-5所示。开始两层没有挤出耗材，从第三或第四层才开始挤出正常。

图8-4 不同喷嘴位置打印效果 图8-5 喷嘴位置示意图

解决办法：

①在切片软件里，通过修改G代码偏移设置来解决。

②重新调平。

（3）挤出机刨料。

问题描述：耗材上被磨损出明显的缺口，同时挤出机上有很多耗材碎屑。

原因分析：挤出机齿轮刨料，将耗材磨损过多，齿轮无法咬住耗材，就无法向前推送耗材。

解决办法：本任务内刨料内容。

（4）堵料。

原因分析：如果以上建议都没有能够解决问题，那很有可能就是喷头堵塞了。可能是异物碎屑卡到喷嘴里了，导致喷嘴堵料；或喷头部分散热不良导致的耗材在熔化区外变软，进而导致耗材无法往前推送。

解决办法：

①深度清理。打印机堵住之后虽然挤出机在正常转动送料但是喷嘴无法流出耗材，出现这种问题之后需要我们手动进行清理。可选择使用化学溶剂溶解堵在喷嘴里面的线材和杂质，比如用丙酮溶解ABS、用乙酸乙酯溶解PLA。

②通针清理喷嘴。先将喷头加热至220~240℃，然后将耗材拔出。再使用通针将喷嘴孔自下而上地反复疏通，待清理完后再手动将耗材送入直至耗材熔化流出。过程需要注意喷嘴高温、谨防烫伤。

③如上述两种方法依然无法疏通喷嘴，可选择直接对喷嘴进行更换来解决。

2. 模型无法粘到打印平台上

打印模型的底层与打印平台要紧密粘连，只有这样后面的打印才能在此基础上构建出来。如果第一层没有粘牢，会给后边的打印造成很多问题，如图8-6所示。

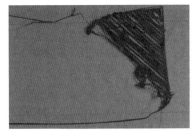

图8-6 模型与平台脱离

（1）打印平台没有调平。

问题描述：打印底层时，成型面板上有些地方没有耗材，有些地方耗材又粘不住。

原因分析：打印平台没有调平，平台的一边与喷嘴之间距离过小，而另一边又与喷嘴之间的距离太远。

解决办法：手动调平通过4个手拧螺母来调节平台与喷嘴之间的距离，合适的距离是喷嘴到打印平台大概一张A4纸厚度的距离。

（2）喷嘴距离平台太远。

问题描述：打印平台已经调平，但还是粘不住耗材。这在自动调平时比较常见。

原因分析：打印平台与喷嘴之间的距离太大。

解决办法：通过Z轴补偿来实现打印平台与喷嘴距离的微调。

（3）第一层打印速度太快。

原因分析：打印底层时速度太快，耗材没有足够的时间与打印平台粘合在一起。

解决办法：打印前，在切片软件上降低初始层打印速度，通常设置为20 mm/s。如果已经开始打印，可以通过调节打印机的打印速度来降低打印速度，如图8-7所示。

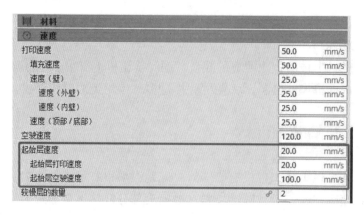

图8-7　调节打印速度

（4）打印温度或者冷却设置有问题。

原因分析：一是喷头或热床温度过低，降低了打印平台对耗材的粘附能力。二是打印底层时开启了模型风扇，会导致模型冷却过快，粘不到打印平台上，如图8-8所示。

解决办法：

①通过下位机的控制菜单，分别对喷头和打印平台温度进行设置。

②通过切片软件分别设置喷头和打印平台的温度，不同耗材温度不同。

③打印底层时如果模型风扇开启，请检查模型风扇在主板的接口是否插错，如果没有就检查固件程序。

图8-8　错误的设置

（5）成型面板问题。

原因分析：普通钢化玻璃或者玻纤板做成的成型面板，其表面光滑，对耗材的粘附能力差，或者成型面板上有粉尘或者其他脏污，导致打印时模型无法与成型面板充分粘合，造成模型脱落或者位移等情况。

解决办法：

解决办法如图8-9所示。

①成型面板本身粘附能力差，贴美纹纸或涂固体胶，可以增强成型面板的粘附能力。

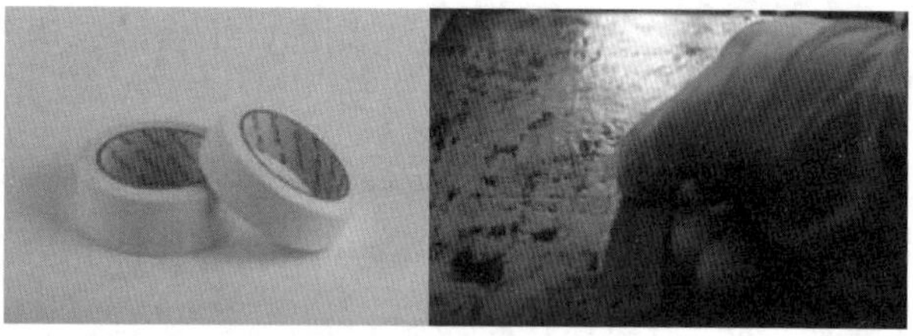

②如果成型面板上有灰尘，或者胶水涂得太多，影响模型与成型面板粘合，要先清理成型面板。

图8-9　成型面板问题解决方法

（6）增加边缘和底座。

问题描述：打印一些底部较小的模型时，粘不住。

原因分析：底部较小的模型，没有足够的面积与成型面板粘合。

解决办法：在切片软件中设置增加边缘或者底座，以增加模型底部与成型面板的接触面积，从而提高粘附力，如图8-10所示。

图8-10 增加边缘和底座

3. 挤出不足

通过切片软件可以对流量进行设置，但是3D打印机本身并没有耗材实际流量的反馈，实际流量小于切片软件上的设置，我们称为挤出不足。可以通过以下方式，检查3D打印机是否挤出不足。打印一个边长20 mm的方块，至少打印三圈轮廓，看三条边线的粘合情况。如果三条边线之间有间隙，就是流量不足；如果三条边线紧密地粘合在一起，没有间隙，就不存在挤出不足的情况。以下针对如图8-11所示挤出不足的原因进行分析。

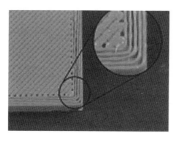

图8-11 挤出不足

（1）耗材直径不正确。

原因分析：目前市面上通用的耗材直径有1.75 mm、2.85 mm和3 mm三种，我们在软件上设置的耗材直径大于实际直径，会导致挤出不足。

解决办法：核对耗材直径，切片时设置正确的直径。

（2）流量过小。

原因分析：

①挤出机步数设置过小，不同款挤出机步数不同，如果步数设置的比挤出机实际步数小，会造成挤出不足。例如MK8挤出机步数是93，双齿轮挤出机步数是140，用双齿轮挤出机步数设置为93时，就会造成挤出不足。可通过进行电机步数校准功能进行校正。

②流量设置过小。

解决办法：

①正确计算挤出机步数，如果不当，校对后保存。

②增加切片工艺参数中的流量，可每次增加5%的倍率来进行补偿，查看实际效果，不够再增加。

4. 出料过多

原因分析：打印过程中，耗材的挤出量偏多，打印机将挤出比预期更多的耗材，会直接影响打印模型的成型尺寸和外形，如图8-12所示。

图8-12 出料过多

解决办法：参考"挤出不足"任务内容中的方法，用相反的方式来解决。一是确认切片软件中设置的耗材直径与打印耗材直径是否一致；二是如果耗材直径设置无误，再校对我们的挤出机，减少流量。

5. 顶部出现孔洞或者缝隙

打印过程中，为了节省耗材和打印时间，3D打印模型会使用实体外壳和部分中空的内部填充两部分组成。为了达到外壳实心的目标，在切片软件中要设置好顶层和底层的层数。如果设置过少，就会造成顶部出现孔洞，如图8-13所示。

（1）顶部实心层数不足。

原因分析：在部分空心的填充顶部打印100%实心层时，实心层必须跨越填充物的空心孔洞部分，由于耗材重力，顶层有下垂到填充孔洞的趋势。

解决办法：在切片软件的外壳设置选项中，增加模型的顶层/底层厚度。通常至少打印3层顶部实心层，对于直径0.4 mm的喷嘴，层高通常为0.2 mm，顶层厚度至少为0.6 mm。如果还有孔洞的情况，则增加顶部层厚，如图8-14所示。

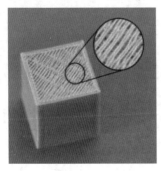

图8-13 顶部空洞或缝隙　　　　图8-14 外壳参数设置调整

（2）填充密度太低。

原因分析：部分中空的填充是实心顶层的基础，如果填充密度太低，填充之间的间隙就会很大，实心顶层很容易掉落到间隙中。例如填充密度只有10%，打印件内部90%的地方是空的，顶层将在很大的间隙上打印，导致顶层没有一个稳定的打印基础。

解决办法：增加填充密度，如图8-15所示。打印过程中如果顶层已经设置得比较多，但仍然存在孔洞，那需要增加填充密度，保证顶层有一个良好的打印基础。

图8-15 增加填充密度

（3）挤出不足。

通过增加顶部实心层的层数和填充密度，仍然出现了顶部孔洞，那有可能是挤出不足。

原因分析：耗材的实际挤出比软件预期的少，挤出不足，也会引起顶部孔洞。

解决办法：可参考"挤出不足"任务的内容来解决问题。

6. 拉丝或者垂料

由于打印机在空行程中耗材从喷嘴中流出，进而造成相邻的模型结构之间出现很多细小的残留耗材丝线，对模型最终的打印效果有较大影响，我们称之为拉丝或者垂料，如

图8-16所示。影响拉丝的因素很多，以下介绍常见的几种。

（1）回抽距离太少。

原因分析：回抽距离决定有多少塑料被抽回喷嘴，回抽距离过少，会导致空行程过程中，耗材流出喷嘴，形成拉丝。

解决办法：增加回抽距离，如图8-17所示。一般近端挤出机回抽距离为0.5~3 mm，远端挤出机回抽距离为4~10 mm。从原有设置开始，向上0.5 mm，直到拉丝消失。回抽距

图8-16 拉丝或垂料现象

离越大，从喷嘴中拉回的耗材越多，喷嘴越不容易拉丝。但回抽过多，回填的时候会不及时，造成打印误差。耗材种类不同，回抽距离也有差异。

启用回抽	✓	
层变化时回抽	↻ ✓	
回抽距离	↻ 8	mm
回抽速度	↻ 60	mm/s
回抽速度	60	mm/s
回抽装填速度	60	mm/s
回抽额外装填量	0	mm³
回抽最小空驶	0.88	mm
最大回抽计数	90	
最小挤出距离范围	↻ ⓘ 2	mm

图8-17 回抽速度调整

（2）回抽速度太慢。

原因分析：回抽速度决定了耗材从喷嘴中抽回的速度，如果回抽太慢，耗材会因重力从喷嘴中自然流出，造成拉丝或者垂料。

解决办法：增加回抽速度，一般回抽速度设置为20~100 mm/s。如果回抽的太快，耗材可能与喷嘴中的耗材断开，甚至由于驱动齿轮的快速转动刨掉耗材表面的一部分，造成耗材断裂。耗材种类不同，回抽速度也有差异。

（3）喷头温度太高。

原因分析：喷嘴温度太高，打印过程中耗材过度熔化会变得过于稀释，黏度降低，由于重力的原因更容易从喷嘴中流出来，形成拉丝。

解决办法：优化喷头温度。PLA耗材打印温度介于190~220℃，一旦发现拉丝，尝试以5℃的增量降低喷嘴温度。

（4）空行程距离太长。

原因分析：两个成型结构之间的空行程距离较长，在喷嘴移动过程中没有进行打印，耗材由于重力从喷嘴中垂下来，形成拉丝。移动距离短，耗材没有时间从喷嘴中渗出。

解决办法：对于单个模型，开启梳理模式功能，有助于减少模型内部的空行程。如果是多个模型同时打印，排列时尽量缩短每个模型之间的距离，以便减少喷嘴悬空打印的距离。

（5）空驶速度太慢。

原因分析：空驶速度太慢，耗材由于重力从喷嘴中垂下来，形成拉丝。加快空驶速度使喷头可以更快地通过空行程，耗材将没有足够的时间渗出。

解决办法：增大空驶速度。

7. 过热

打印过程中，耗材加热到一定温度，熔化后从喷嘴中挤出，然后在空气中迅速冷却凝固并定型。如果温度过高或者冷却不及时，就会造成定型困难，从而导致模型轮廓精度差，甚至出现扭曲，如图8-18所示。

图8-18　扭曲模型和正常模型对比

（1）散热不足。

原因分析：耗材喷出喷嘴之后，耗材没有迅速冷却，导致热塑料会在缓慢冷却的过程中自由改变形状。

解决办法：首先确认设备上有模型风扇。其次要在切片软件上开启模型风扇，并设置模型风扇转速比至100%。

（2）喷头温度过高。

原因分析：每种耗材都有适合的打印温度，如果温度设置过高，耗材喷出之后就需要更多的时间来冷却。如果已经使用模型风扇，依然出现过热现象，很可能是喷嘴温度过高。

解决办法：降低喷头温度。首先对比当前打印温度和耗材要求的打印最高温度，然后根据对比结果每次降低5℃，再通过打印效果来确认最佳打印温度。可以通过打印温度塔模型来快速确认最佳打印温度。

（3）打印速度太快。

原因分析：打印速度过快，下一层没有足够的时间凝固，又开始在它上面打印新的层，有可能导致下一层变形，最终导致整个模型的精度无法保证；降低打印速度，可以变相增加模型冷却时间，以此来减少过热现象。

❄ 冷却			<
开启打印冷却	✓		
风扇速度	100.0	%	
正常风扇速度	100.0	%	
最大风扇速度	100.0	%	
正常/最大风扇速度阈值	10	s	
起始风扇速度	0	%	
正常风扇速度（高度）	0.2	mm	
正常风扇速度（层）	2		
最短单层冷却时间 ↻	15	s	
最小风扇速度	10	mm/s	

图8-19　最短单层冷却时间调整

解决办法：一是降低打印速度；二是在Creality Slicer切片软件里通过设置"最短单层冷却时间"来调控打印速度，通常设置为15 s，会在一层的打印时间小于15 s时自动调低打印速度，如图8-19所示。

（4）一次打印多个模型。

试过上述三个办法，还是出现过热。

解决办法：在切片软件里复制要打印的模型，或者导入多个模型，然后同时打印。通过同时打印多个模型的办法，能为每个打印件提供更多的冷却时间；当热的喷嘴移到另一个位置去打印第2个模型的时候，会给第1个模型留下更多的冷却时间。

8. 层错位（错层）

桌面级FDM 3D打印机多数使用的是开环控制系统，无法对喷头的位置信息进行反馈，只是控制喷头按照软件设置到需要的位置，然后就默认喷头到达了该位置。如果在打印过程中出现了下层部分位移，而打印机仍按照软件原有的轨迹运动，就会造成模型上下两部分无法完全结合，造成层错位，如图8-20所示。

（1）打印速度太快。

原因分析：高速打印时，电机会保持高速运转，但超出电机所能承受的范围，电机将无法准确地运动到位，通常会伴随"咔咔"的声音，这将造成打印层错位。

图8-20 错层

图8-21 打印速度降低

解决办法：

①通过切片软件或者下位机降低打印速度，先尝试降低50%，如图8-21所示。

②修改打印机的固件来降低加速度，使加减速更缓和。

（2）机械原因。

原因分析：

①同步带松弛，就会在同步轮上打滑，意味着同步轮在转但是同步带没有动，如图8-22所示。如果装得过紧，同步带会在轴承上产生额外的摩擦力，从而导致电机无法转动自如。

②同步轮顶丝松动，同步轮就不会跟电机轴一起转动，进而引起错层。

解决办法：

①同步带既不能太松也不能太紧，紧到既不会打滑，也不会引起系统转动不畅。

②确保同步轮顶丝顶紧。

（3）电气原因。

原因分析：

①电机电流不够，导致转动扭力不足，无法提供足够的加速度。

②电机驱动芯片温度过高，导致电机临时停转直到温度降下来。

解决办法：

①用万用表测量电机的实际驱动电压，与设计值核对，如果小了就调大。

②测量驱动芯片的温度，看是否超过允许值。如果温度过高，可以给电机驱动增加散热片，还可以增加散热风扇，如图8-23所示。

图8-22 同步带在同步轮上打滑

图8-23 散热装置

③调低加速度参数，确保在合理范围内。

（4）外力引起层错位。

原因分析：

①喷头在移动过程中可能会刮到模型，导致喷头出现位置偏移，进而引起错层。

②打印平台受外力撞击或者成型面板没有夹稳，平台位置偏移而引起错层。

解决办法：

①在切片软件设置回抽时Z抬升，一般推荐设置Z轴抬升0.2~0.4 mm即可，如图8-24所示。

②确保成型面板相对牢固。

空驶避让距离	0.625	mm
层开始 X	0.0	mm
层开始 Y	0.0	mm
回抽时 Z 抬升	✔	
仅在已打印部分上 Z 抬升		
Z 抬升高度	0.2	mm

图8-24　Z轴抬升设置

9. 层开裂或断开

3D打印通过层层堆积的方式来构建模型，每一层都是打印在前一层上，最终生成想要的模型。为了保证打印模型的强度和稳定性，必须确保每一层都充分跟前一层牢固地结合在一起。一旦结合不好，最终的打印件便会开裂或分离，如图8-25所示。

（1）层高太高。

原因分析：打印过程中，耗材熔化后经喷嘴前端的小孔挤出，在下层上受挤压才能牢固地粘到下一层上；如果层高过大，上层与下层将无法牢固粘合，进而造成层开裂。

解决办法：降低层高，层高最大为喷头直径的80%，比如喷嘴直径是0.4 mm，那么层高最大不能超过0.32 mm，否则上下层之间将无法牢固粘合。

（2）打印温度太低。

原因分析：温度过低可能导致耗材没完全融化，其黏度较低，导致上层与下层之间无法紧密地粘合，造成模型开裂，如图8-26所示。

解决办法：切片软件内调高喷头打印温度或者打印时调高温度。

图8-25　层断开

图8-26　层开裂

（3）打印速度太快或壁厚太薄。

原因分析：

①如果打印速度过快，上、下层之间没有足够的时间粘合，容易造成开裂。

②壁厚太薄。0.4 mm的壁厚太薄，上下层接触面积小，很容易出现开裂；而1.2 mm

壁厚上下层的接触面大，不容易开裂。在冬天比较冷的环境下，薄壁更容易出现开裂。

解决办法：a.降低打印速度；b.增加壁厚，通常设置壁厚为3层。

10. 刨料

挤出机的工作原理是使用一个主动轮与一个惰轮相配合，来控制耗材的进退。主动轮有齿，能够和惰轮相互配合咬紧耗材，并通过改变转动方向来推动耗材前后运动。如果耗材卡住了，主动轮仍然转动，耗材就会因为持续磨损而导致无法再被主动轮咬住。如果挤出机电机转动，耗材却不能往前推送，耗材碎片散落在主动轮周围，则挤出机可能已经出现刨料的情况，如图8-27所示。

（1）挤出回抽参数太高。

原因分析：回抽距离过大或者回抽速度过快，会造成给挤出机施加的压力过大，耗材将难以跟上，从而导致耗材被刨掉。

解决办法：减小回抽距离，降低回抽速度。

图8-27 刨料

（2）打印温度太低。

原因分析：如果喷嘴温度太低，耗材在喷嘴里没有充分熔化，挤出不顺畅，给挤出机的压力就会增大，从而导致刨料。

解决办法：升高打印温度，让耗材充分熔化。

（3）打印速度太快。

原因分析：耗材熔化和挤出喷嘴都需要一定的时间，打印速度太快会导致喷嘴出口压力增大，挤出阻力大，给挤出机的压力就会增大，从而导致刨料。

解决办法：降低打印速度。

（4）喷嘴堵料。

原因分析：喷嘴堵塞，耗材无法正常挤出，会造成挤出机压力增大，从而导致刨料。

解决办法：详见喷嘴堵料的解决办法。

（5）喉管内铁氟龙管碳化。

原因分析：长时间的高温环境下工作，铁氟龙管前端会逐渐软化或者碳化，造成挤出不顺畅，进而造成刨料。

解决办法：用铁氟龙管切割器将铁氟龙管变形或者碳化的部分切割，如图8-28所示，使用新的一段管重新接入喉管。

11. 喷嘴堵料

打印过程中，打印机需要连续工作几小时甚至几十小时，长时间的高温高压环境工作，喷嘴内部会逐渐磨损或堆积杂质，出现出料断断续续甚至完全不出料的情况，称为喷嘴堵料，如图8-29所示。

图8-28 碳化部分切割

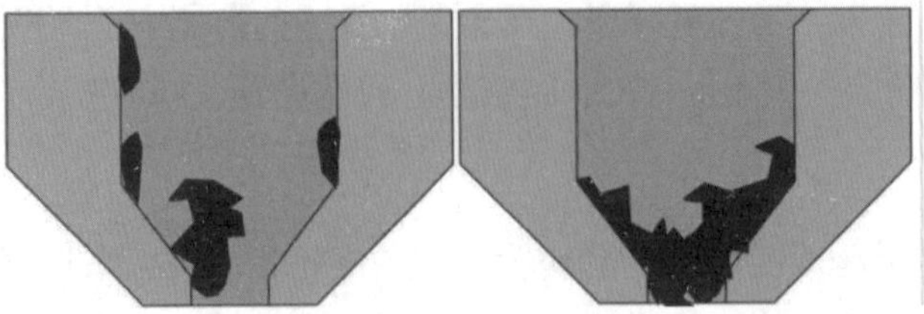

图8-29　部分堵料和全堵料

（1）手动推送线材进入挤出机。

先将喷头预热到高于正常打印温度20~30℃，然后通过下位机控制挤出机进料10 mm。如果没有耗材流出，再次进料，且在电机转动的时候，用手稍微使力辅助将耗材推入挤出机，多数情况下，这种额外的力量可以使耗材顺利通过出问题的位置。该方法适用于打印过程中喷头组件轻微堵塞的情况。

（2）重新加载耗材。

先将耗材预热至合适的温度，然后卸载耗材，并用斜口钳将耗材上熔化或者损坏的部分剪掉，再重新加载耗材。如果依然无法挤出，将喷头预热到高于打印温度20~30℃，然后手动推料，确认挤出情况。

（3）清理喷嘴。

原因分析：一些杂质或耗材碳化的部分粘在喷嘴内壁上，堵塞了喷嘴通道，造成堵料。

解决办法：预热后，用针灸针疏通喷嘴，如图8-30所示；如果疏通时感觉阻力过大，无法疏通，则拆下喷嘴，检查喉管是否堵塞，再次疏通喉管；如果疏通后问题依旧，很可能喷嘴内孔已经磨损，则更换一个新的喷嘴。

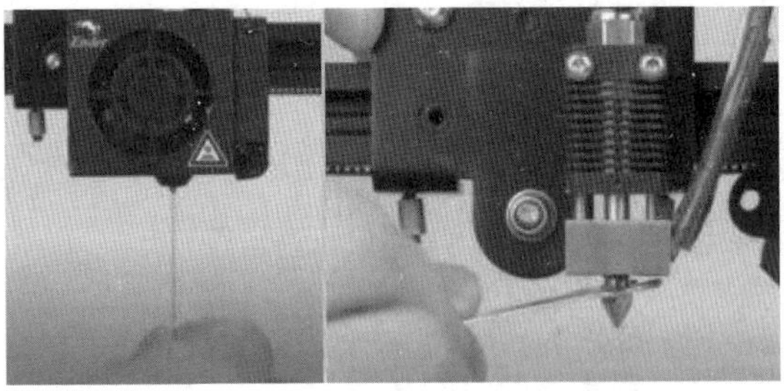

图8-30　喷嘴清理

12. 打印中途，挤出停止

打印机开始工作时打印正常，但是在后面的打印过程中突然停止挤出。

（1）断料或耗材用完。

原因分析：由于质量问题或者其他原因打印过程中耗材断裂，或者耗材用完了，而打印机上没有断料检测装置，就很容易造成后续的打印没有耗材挤出。

解决办法：首先选择质量好的耗材打印，避免打印过程中断裂；其次预估剩下的耗材是否能够支持模型打印完成。

（2）刨料。

刨料过后，挤出电机在转，但是耗材不能往前推送。请参看刨料部分解决问题。

（3）喷嘴堵料。

首先确认耗材上是否有灰尘。如果耗材上粘了不少的灰尘，也有可能堆积到喷嘴里造成堵料。详细的原因和解决办法，请参看喷嘴堵料部分。

（4）挤出电机驱动温度过高。

原因分析：打印过程中，挤出机电机工作强度高，要求较大的电流，如果打印机的电路没有充分散热，会导致电机驱动温度过高。电机驱动带有热熔断器，如果温度太高，电机驱动就会停止工作。这样喷头在继续移动，而耗材没有挤出。

解决办法：关掉打印机电源，允许电路降温。如果持续出现驱动过热的问题，可以给电机驱动增加散热片，还可以增加散热风扇。

13. 填充不牢

3D打印件中的填充部分，在增加模型强度方面，扮演着非常重要的角色，如图8-31所示。在3D打印中，填充负责连接外层的壳，同时，也支撑着将要打印其上的外表面。如果填充显得很弱或纤细，则需要在软件中调整几个设置，来增强这部分。

图8-31 填充

（1）更换填充图案。

"填充图案"决定了打印件内部的填充使用什么图案，有些图案结实但需要更长的时间打印，有些图案打印需要的时间短但强度较弱。比如网格、三角和实心蜂巢都是结实的填充图案，线性打印速度快，但强度低。如果打印时强度较低，可以尝试不同的图案。

（2）降低打印速度。

原因分析：打印速度太快，挤出机可能跟不上，打印填充时会出现出料不足的问题，将打印出强度弱、纤细的填充结构。

解决办法：如果更换了几种填充图案，仍然出现填充较弱的问题，可考虑降低打印速度。

（3）增大填充走线宽度。

Creality Slicer的"质量"菜单里面，增大"走线宽度（填充）"，可以打印出更结实的填充。填充走线宽度，填充时挤出量增加，为了维持填充密度，填充线之间的距离将变远。因此，在增加了填充走线宽度后，可以提高填充密度。

14. 斑点或疤痕

3D打印过程中，当有空行程或上下层切换的时候，挤出机会先停止，然后再开启挤出，理论上会在模型的外表面产生一条一致的线。每次挤出机停止后再开启，会产生明显的变化。会发现有一些细小的痕迹出现在挤出开始的区域。这通常被称作斑点或疤痕，如图8-32所示。

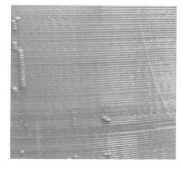

图8-32 斑点或疤痕

（1）回抽和滑行设置。

原因分析：在空行程或上下层切换的时候，挤出机会进行停止和开启之间的切换，如果疤痕正好出现在一层打印开始或者结束的地方，可能挤出机停止或者开启的时候挤出了过多耗材，在表面形成疤痕。

解决办法：

①如果缺陷出现在挤出机开启处，调整回抽设置。在Simplify 3D软件里，单击"修改切片设置（Edit Process Settings）"，单击"挤出机"标签，在"额外重启距离"选项里输入一个负值，来减少装填距离。例如，回抽距离是1 mm，额外重启距离是-0.2 mm，那么每次挤出机停止时回抽1 mm耗材，每次挤出机重启时只需装填0.8 mm的耗材回喷嘴。调整这个设置，直到挤出开始打印沿边时的瑕疵不再出现。

②如果缺陷出现在挤出机停止处，设置滑行距离。在一层打印结束前，滑行将提前关闭挤出机，以消除喷嘴的回抽压力。点开"挤出机"选项，勾选"滑行"。通常，滑行距离设置在0.2~0.5 mm，就可以获得很明显的效果。

（2）避免不必要的回抽。

原因分析：不必要的回抽，可能导致耗材渗漏在表面上形成疤痕。

解决办法：

①在切片软件的移动界面，开启梳理模式，在打印遇到某些空行程时能够修改喷头的运动路径，让喷头保持在已打印区域内，来减少空行程，避免不必要的回抽。

②在"移动行为"栏里，勾选"移动时避免穿越外轮廓"，可以使挤出机的移动路径转向，从而避免与轮廓外沿相交。

（3）回抽不平稳。

原因分析：远端挤出机停止运行后，由于内部的压力仍然会挤出一小坨，形成疤痕。

解决办法：在切片软件的"打印设置→外壳→外壁擦嘴长度"里设置擦嘴长度。例如0.4 mm，打印时喷嘴仍然在模型内移动0.4 mm，而这个距离内没有耗材挤出，将避免空行程时耗材渗漏。

（4）选择起点的位置。

如果疤痕无法避免，可以将其隐藏到模型上看不到的地方。单击"修改切片设置"，打开"层"标签，勾选"选择以最靠近指定位置的地方为起点"，然后输入指定位置的X、Y坐标，从而选择起点位置。

15. 填充与轮廓之间的间隙

打印件的每一层都由轮廓和填充构成，轮廓构成了打印件结实而精准的外表面，填充则打印在轮廓里面，构成剩下的部分。填充通常使用快速的来回模式，以实现快速打印。填充和轮廓使用的生成模式不同，这对两个部分粘合在一起以形成实体非常重要。如果粘合不好，在填充和轮廓之间就会有间隙，如图8-33所示。

图8-33 填充与轮廓有间隙

（1）轮廓重叠不够。

原因分析：轮廓和填充重叠设置不够，填充与轮廓的粘合不充分，就会产生缝隙。

解决办法：填充重叠率在Creality Slicer里默认是30%，这个值是填充和轮廓的重叠量与填充线宽的百分比，对于不同规格的喷嘴，它能够自行调整。如果发现填充和轮廓之间有间隙，可以增加这个值。

（2）打印速度太快。

原因分析：通常填充速度比轮廓打印速度快，但如果它们的速度差距过大，会导致填充没有足够多的时间与外轮廓粘合，从而造成两者之间的间隙。

解决办法：降低填充速度或者加快轮廓打印速度。

16. 模型顶部疤痕

3D打印是逐层打印的，这意味着每层是独立的，喷嘴在打印这一层时，有可能从前一层的表面划过，留下疤痕。打印顶层的时候，如果模型内部有空行程，也会产生疤痕，如图8-34所示。

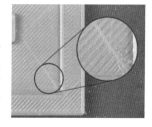

图8-34　模型顶部疤痕

（1）挤出过多。

原因分析：如果挤出过多的耗材，则每一层往往会比预期的稍厚。当喷嘴在每一层上移动时，它可能会刮走一些多余的耗材，产生疤痕。

解决办法：详见"挤出过多"任务内容。

（2）垂直抬升（Z抬升）。

在挤出流量正确的情况下，仍然遇到喷嘴在打印件上表面划出疤痕的问题。开启"回抽时Z抬升"选项，打印回抽（空行程）时，打印机会将喷嘴升高或平台下降一定高度，让喷嘴和打印表面之间有一定距离，移动的时候就碰不到打印表面上。通常设置抬升的距离为0.2~0.4 mm。

17. 侧面线性纹理

3D打印件的侧面由成百上千个独立的层构成。如果打印正常，侧面会是一个整体平滑的表面。然而只要其中一层出问题，就会在打印件外表面清晰地看到。这些出错的层在打印件的外表面形成线性纹理，如图 8-35 所示。

图8-35　侧面线性纹理

（1）挤出不稳定。

原因分析：耗材的质量不好。如果耗材的外径公差大，从喷嘴挤出的耗材的宽度就有明显变化。如果耗材直径过大，打印的层会比需要的更宽，反之会比需要的更窄。最终能看到打印件侧面的线纹。

解决办法：严格控制耗材线径。

（2）喷头温度不稳定。

原因分析：FDM 3D打印机大都使用PID控制器来调节喷头温度，PID控制不当，温度将会以正弦波的形式变化。温度在高点和低点，耗材的流动性是不同的，这将导致打印的各层挤出不均匀，在打印件的侧面产生可见的棱。

解决办法：调整PID参数，将喷头温度变化稳定在±2℃范围。

（3）机械问题。

原因分析：耗材质量和温度变化都在允许的范围内，那可能是机械方面的原因造成线性纹理。喷头安装在X轴上，X轴移动时如果振动过大，会导致喷嘴的位置变化。打印平台运动时有异常晃动，会导致模型位置的变化。Z轴丝杆螺母存在配合间隙，导致定位不准，也会影响精度。

解决办法：检查机械方面的问题，及时修正。

18. 振动与颤纹

图8-36　振动与颤纹

打印机在运行的过程中突然改变方向时，例如在转角处，由于振动可能会在打印件表面产生波纹状的纹路，称之为颤纹。打印一个20 mm的立方体，每次打印立方体的不同面时，它都需要改变方向。当方向突然发生变化时，由于惯性会产生振动，进而产生颤纹，如图8-36所示。

（1）打印速度太快。

原因分析：当打印机突然改变方向时，由于惯性会产生振动，速度越大，惯性越大，振动也越大，从而产生的颤纹越明显。

解决办法：在切片软件里，降低打印速度，减少振动，进而减少颤纹。

（2）加速度过高。

原因分析：加速度过高，会导致换向过快，从而产生的颤纹越明显。

解决办法：3D打印机上运行的固件通常会实施加速控制，以帮助防止方向突然变化。降低加速度，可以让打印机换向前缓慢加速，换向后缓慢减速，从而降低振动，减少颤纹。

（3）机械问题。

原因分析：运动机构的螺丝松动或机架损坏等原因，导致打印机运行不稳定，过度振动，进而产生颤纹。

解决办法：在打印机运行时仔细观察，确定振动的来源，然后分析原因再解决。

19. 模型无细节

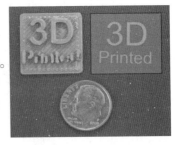

图8-37　模型无细节

3D打印机大都有一个固定的喷嘴尺寸，它决定了X、Y方向的零件分辨率。流行的喷嘴尺寸为直径0.4 mm或0.5 mm。虽然这适用于大多数零件，但打印小于喷嘴尺寸的极薄特征时，会遇到特征打印不出来的情况。例如：用直径0.4 mm喷嘴，打印壁厚0.2 mm的特征，就很可能打印不出来，如图8-37所示。

（1）允许打印薄壁特征。

在Creality Slicer切片软件上的"外壁"菜单里勾选"打印薄壁"，打印机在遇到无法用正常打印的薄壁时，可以通过为薄形状创建单独的拉伸来打印该薄壁。

（2）增加模型厚度。

重新设计模型，增加模型厚度，使模型的最小
壁厚大于喷嘴直径。

（3）安装孔径规格更小的喷嘴。

模型细节成型的基础是挤出丝宽度必须总是比喷嘴直径大或者相等，更换比模型特
征壁厚更小直径的喷嘴是最为直接的解决办法。喷嘴直径规格如图8-38所示。

20. 翘曲

打印大模型时，前几层成功地粘附在打印平台上，稍后模型的边角开始上翘并脱离
打印平台，甚至可能导致整个模型脱离打印平台，导致打印失败，称之为翘曲，如图
8-39所示。这种问题在使用高温材料（如 ABS）打印大零件时尤为常见，主要原因是
塑料在冷却时会收缩。

（1）使用加热床。

图8-39　翘曲

许多打印机都配备了热床，帮助在整个打印过程中保持模
型底层温度，降低由于温差导致的应力变形。对于 ABS 等材料，
通常将加热床温度设置为100~120℃，这将显著降低这些层的塑
性收缩量。

（2）禁用模型风扇冷却。

模型风扇会让模型快速冷却定型，有助于保证模型表面精
度。但对于容易翘曲的模型来说，模型温度变化太快，会加大
热应力，从而加剧翘曲。在用高温材料打印大尺寸模型时，关闭模型风扇。

（3）使用加热保温腔体。

打印比较高的模型，虽然热床可以使零件的底层保持温度，但很难防止零件的上层
收缩。在这种情况下，需要打印机具有能加热的密闭腔体，以便在打印的时候，保证打
印的环境温度，降低由于温度差引起的热应力，从而避免翘曲。

（4）增加边缘和底座。

如果您已经尝试了上述所有办法，模型仍然翘曲，可以在打印时加入边缘和底座。
边缘和底座有能够增加模型和打印平台的接触面积，而且高度不高，有助于减少模型翘曲。

增加首层喷头打印温度，增强耗材与成型平台之间的黏结。

降低首层打印速度，使耗材可以更好地固定黏合。

21. 连桥不良

连桥指的是需要在两点之间挤出而没有来自下方的
任何支撑的塑料。而对于较大的桥梁，可能需要添加支
撑结构，但通常可以在没有任何支撑的情况下打印短桥。
但如果打印模型的连桥距离较大时，则很容易出现连桥
成型部分的下垂或者间隙，如图8-40所示。

图8-40　连桥不良

（1）桥墙设置。

在Creality Slicer 软件"打印设置→实验性"里开启"启用连桥设置"。"最小桥墙

长度"，它仅将大于此长度的墙线段视为桥梁。"桥墙滑行"在接近桥的起点时降低喷嘴中的压力，否则墙线在桥的起点往往会下垂很严重。降低桥墙最大悬垂角的值意味着线条不必悬垂在下面的图层上太多，以便使用桥墙设置进行打印。

（2）连桥表面设置。

主要进行连桥表面速度、流量、密度，连桥风扇速度的设置，对于不同的材料和打印温度，有不同的设置。

（3）桥梁过长，增加支撑。

桥梁过长，连桥很难达到理想的效果，需要增加支撑来避免桥梁下面掉丝。

 任务实施

小张同学设计绘制了小车的模型（图8-41），打算将小车分为三个部分来打印组装，分别是车轮、车壳、小车的运动机构。小张同学采用了一级齿轮传动的方法来使小车滚动起来，通过小车车壳上方的观察口来观察小车在运动时齿轮的啮合传动情况。下面是打印过程中遇到的问题及解决方案：

（1）模型无法粘到打印平台上面。根据上面的知识，可以得知有以下几种可能的原因：①打印平台没有调平；②喷嘴距离平台太远；③第一层打印太快；④打印温度或冷却设置有问题；⑤成型面板问题；⑥增加边缘和底座。经过一一排查，原来是打印机没有调平。小张同学用A4纸调平后，打印出的模型正常了。

图8-41　小车模型

（2）模型出现翘曲。根据上面的知识，得知有以下几种原因：①使用热床；②禁用模型冷却风扇；③使用加热保温腔体；④增加边缘和底座。经过小张同学的逐一排查，原来是误操作导致打印机禁用了模型冷却风扇。

（3）在打印的途中挤出停止。根据上面的知识，得知有以下几种原因：①断料或耗材用完了；②刨料；③喷嘴堵料。进行排查，发现是由于打印耗材断裂，导致挤出停止。

任务8.2　LCD光固化常见3D打印故障排除

 任务导入

小张同学在用FDM打印机打印完小车后，发现了小车运动并不是很流畅，于是他打

算使用光固化打印机来打印小车的运动机构。但在光固化打印的时候又遇到了几个问题，U盘读取异常，打印出来的物品出现断裂，时间到了却打印不出任何物体。小张同学应该如何解决呢？

知识目标

（1）了解使用光固化打印的常见故障。

（2）掌握使用光固化打印故障排除分解方法。

能力目标

（1）能够熟知光固化打印的常见故障及相应可能的原因。

（2）能够发现光固化过程中的问题并能动手解决问题。

素质目标

（1）培养分析问题、解决问题的能力。

（2）培养科学严谨的工作态度。

（3）培养踏实肯干、爱岗敬业的工作作风。

8.2.1 LCD光固化打印常见故障及可能的原因

光固化打印常见故障及可能原因见表8-2。

表8-2 光固化打印常见故障及可能的原因

序号	问题描述	可能的原因
1	LCD 屏异常检测	LCD 屏有破损、裂痕、屏内有白点
		打印模型时 LCD 屏不透光
		LCD 屏上有许多树脂
2	触摸屏异常	触控失灵，点击屏幕无反应
3	模型打印异常	模型打印完后，料头底部有多余的固化层
		打印出来的模型周边有薄片附在上面
4	U 盘读取异常	U 盘插入机器无反应，不读卡
5	Z 轴异常	回零时 Z 轴已经到零位但不停止
		Z 轴上下运作时丝杠在左右摆动

续表

序号	问题描述	可能的原因
6	模型在不加支撑的情况下倾斜变形	模型底部有偏移或者倾斜
		模型打印出来的高度与设计高度不符合
7	打印件有破损断开	耗材或料盘上有杂质遮挡成型区域
		打印屏幕存在坏点或破裂
8	料槽问题	模型底部未粘住打印平台
		料槽离型膜有破洞
9	打印问题	打印出来没有任何东西
		添加的支撑未打出来
		打印出来的模型局部有残缺
		打印出来的模型呈阶梯式
		打印发生翘边
		打印件无法取下
		光敏树脂耗材存在问题

8.2.2 LCD光固化打印常见故障分析及排除方法

1.LCD屏异常检测

（1）LCD屏有破损、裂痕、屏内有白点。

解决办法：屏幕破损、有裂痕，多为结构设计问题导致（已做设计改善，新屏采用0.55 mm的厚度，旧屏还是0.33 mm的厚度），而屏幕内有白点多为屏幕不良导致，以上情况可直接更换新的2K屏。

（2）打印模型时LCD屏不透光。

解决办法：点击校正，看LCD屏是否按需要显示的图案进行显示，若还是如图8-42中一样，则拆下机器正面左侧的金属壳，将屏幕排线重新拔插一下。若还是不行，则极大概率为LCD屏问题，更换LCD屏。反之则可能是切片文件故障。

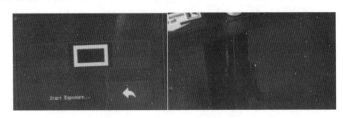

图8-42　LCD屏不透光

（3）LCD屏上有许多树脂。

解决办法：此现象主要是离型膜破损导致，可将料槽内的树脂清理干净后，将料槽倒入清水，然后用手指敲击离型膜底部，看是否会有谁漏水，如果有直接更换新的离型膜即可（也可透着光看，是否有破损的地方）。反之则可能是平时使用不太注意，将树脂弄到2K屏上，用酒精将其清理干净。

2. 触摸屏异常检测

触控失灵，点击屏幕无反应。

解决办法：检查屏幕排线是否有松动的情况，重新拔插一下。其次检查屏幕螺丝是否锁得太紧，稍稍拧松一些看看，若还是存在触摸失灵的情况，则更换新的触摸屏。

3. 模型打印异常检测

（1）模型打印完后，料槽底部有多余的固化层。

解决办法：

①打印模型时发现多余固化层，在现有曝光参数的基础上，可适当降低"底层曝光时间"和"曝光时间"，建议将底层曝光时间设置为10 s，曝光时间设置为2 s，看是否还会存在多余固化层的问题，如图8-43所示。

图8-43　曝光参数调整

②刷新固件。

③LD-002H 机器LCD屏为黑白屏，当出现多余固化的时候，需检查打印耗材是否为黑白屏耗材。若为彩色屏耗材，则会出现多余固化现象。

④更改打印件摆放位置，若之前打印件在中间出现多余固化现象，可将打印件调整到四周打印，观察是否依然存在多余固化现象。若只是中间或者四周存在该现象，则为LCD 屏问题，需更换一个新的LCD屏。

（2）打印出来的模型周边有薄片附在上面。

解决办法：模型在切片时，若支撑加得不够，或者模型自身存在问题，则会导致打印失败，从而部分能打印出来的模型上面就会附上很多树脂薄片，如图8-44所示。此种情况可先检测模型是否存在问题（需要专业软件），如果无法做模型检测，则可以换一个打印成功的模型试试，重新切片打印，若还是存在该问题，则可参考现象（1）做排查。

图8-44　模型周边薄片

4. U盘读取异常检测

U盘插入机器无反应，不读卡。

解决办法：尝试格式化U盘，若在电脑上能正常读取，机器上还是无法正常读取，则可能是U盘携带病毒，可更换新的U盘试试（建议内存在8~16 GB，内存过大或U盘质量太差可能也会导致无法读取）。

5. Z轴异常检测

（1）回零时，Z轴已经到了零位但不停止。

解决办法：

图8-45　Z轴异常检测

①这种情况主要是机器回零后Z轴的光电限位一直没有被触发导致的，可抬升 Z 轴，单击回零，然后手动触发光电开关，看机器是否会停止。如果不能，则可能是光电开关损坏，更换新的光电开关（连接线和开关是分开的，补发时要两个一起领），如图8-45所示。

②可重新调平（调平步骤可参考前面任务内容及深圳创想三维官网教学视频），若调平后还是不容易触发光电开关，可在触发平台的铁片前端贴一点黑色胶带（需要重新调平），使之可以更好地触发光电限位。

（2）Z轴上下运作时丝杆左右摆动。

解决办法：首先检查丝杆联轴器的固定螺丝是否有松动，若松动重新加固一下。其次控制Z轴上下移动，观察其是否有很明显的左右摆动（涉及补发需要客户提供视频），如果是，则丝杆弯曲，更换新的丝杆。

6. 模型在不加支撑的情况下倾斜变形

DLP和LCD 3D打印机的底层长时间曝光的作用是让打印模型底层尽量贴紧打印平台，保证模型能够顺利地粘合在平台上。有很多的客户会直接使用打印平台底部打印模型，且没有做任何支撑，这样打印出来的模型问题会有两种情况：

（1）模型底部有偏移或者倾斜。

（2）模型打印出来的高度与设计高度不符合。

解决办法：

①在模型底部添加底板并添加模型支撑，支撑高度可设置在3~5 mm，再打印一次。

②如果因模型要求或客户要求必须要用平台底部打印的，则按照以下步骤操作：

重新调平打印平台，使得模型与平台之间的位置完全吻合，不能压得太紧密，也不能有过多的间隙。

首层曝光时间设置控制在一个刚好能保证模型与打印平台黏住的时间。一般原厂设置的首层曝光时间会比较长，这样有利于模型与平台之间粘合得更加紧密，但可能会影响模型底部的实际打印尺寸。所以可以尝试优化首层曝光时间，以10 s为一等级进行降低，其他曝光参数不变，用这样的方法尝试打印，首层曝光时间需要根据模型实际情况进行预估。

尝试观察打印，在前两步已经尝试的情况下，模型的底部依然有偏移或者倾斜。可以尝试先打印100层左右，然后停止机器并观察打印模型是否能粘连在平台上，或者已完成打印的模型在外观表现上是否出现切斜或者变形等问题。如果模型有掉落，就代表首层的曝光时间过少，可以在机器上设置增加首层曝光时间与层数；如果还有变形或者倾斜，就要反过来再次减少首层曝光与打印层数，同时重新调整打印平台。

7. 打印件有破损断开

问题描述：打印件表面有破损不完整或者出现断层断裂的问题，如图8-46所示。打印壳体工件时，就像一个倒满水的碗倒扣在液面上，四边的围框在耗材里面呈真空状态并且存储耗材，当工件需要离开液面后会释放出来与其他耗材融合，倒扣打印在打印件离开液面时突然释放里面耗材后呈真空状态，导致打印件纹路与打印不全的问题产生。可能原因有：

（1）耗材或料盘上有杂质遮挡成型区域，导致孔洞。

（2）打印屏幕存在坏点或破裂。

图8-46 打印件破损或断开

解决办法：

①对打印机的离型膜以及LCD屏表面进行清理，确保其表面无任何杂物同时检查离型膜是否有颗粒凸起或者有其他污渍。如发现有颗粒凸起，可能是打印过程黏连的固化光敏树脂颗粒，也有可能是其他杂物。如果发现离型膜有孔洞，可直接更换离型膜。

②确认料盘离型膜和打印机之间是否有其他遮挡物。例如在正常打印过程中，离型膜与料槽接触的边缘部分容易残留固化的光敏树脂固体，如果不及时清理，可能会影响下次打印过程中的透光情况。

③如发现 LCD屏幕出现坏点或者破裂的情况，可以更换LCD屏来解决此问题。如果不更换屏幕，可以确认LCD屏的损坏位置，如依然能正常显像，可通过切片软件重新设置将模型件移动至LCD屏无坏点无破损的一边来继续打印。

若光敏树脂耗材因为气泡等原因导致的模型表面出现空洞问题，可以将光敏树脂倒出之后，放置在料槽一段时间，使其因长期储存导致的内部化学反应所产生的气体完全挥发干净。后续的打印过程中，将会减少气泡引起的模型坑洞问题。

8. 料槽问题

（1）模型底部未粘住成型面板。

解决办法：

①料槽有杂物没清理干净，或光敏树脂耗光，清理料槽或添加打印所需的光敏树脂。

②打印底部接触面积小时，可以通过调整模型摆放角度，可通过增加裙边或者增加底板来解决。

③打重量大的模型需要添加顶部接触面积大的支撑或底板。

④ 使用专用调平卡进行调平操纵。

（2）料槽离型膜有破洞。

解决办法：

①离型膜属于易耗品，发现问题请及时更换。

②停止倒入光敏树脂，并且停止打印，若有光敏树脂流出，请及时清理干净料槽。

③禁止用锋利的物品去接触离型膜，如有破损请购买离型膜直接更换。

9. 打印问题

（1）打印出来没有任何东西。

解决办法：

①曝光时间过短，导致树脂固化时间不够，从而导致打印失败，可适当加长曝光时间（以2 s为单位递增)。

②平台不是相对水平的，重新调平打印平台。

③平台与打印屏之间的距离过大，使用官方标配的调平卡纸重新进行调平。

（2）添加的支撑未打出来。

解决办法：

①把支撑修改成适合的大小，顶部和底部的接触面积相对加大。

②切片后对支撑部分进行预览确认。

（3）打印出来的模型局部有残缺。

解决办法：

①支撑加得太少了，没能有效拉住模型，重新添加支撑。

②模型壁厚小于0.5 mm，机器打印出来的效果也会质感较差，可加大壁厚，保证壁厚至少在1 mm以上，这样能提升模型的质感与结构稳定。

③料槽离型膜磨损严重，导致透光变弱，不能很好固化树脂，可以更换新的离型膜解决。日常的清理建议使用。

（4）打印出来的模型呈阶梯式。

解决办法：平台的相关固定螺丝没有锁紧，可检查并紧固一遍。

（5）打印发生翘边。

解决办法：

①打印机调平没有调好，一边高一边低的情况下，高的位置容易出现翘边，可以通过重新调打印平台来解决。

②模型为实心模型或者壁厚过厚，一般情况下打印的模型壁厚大约在1~5 mm，如果超过此厚度，要做抽壳处理以免模型太过厚重导致模型掉落或者严重变形翘边等问题。

③尽量加长首层曝光时间，同时适当增加首层曝光层数，让模型工件的首层能牢固地粘在成型面板上面。

④ 确认模型底部和切片软件显示的平台是否存在空隙，如果有间隙，请修正模型，或者添加支撑使得模型与平台有更紧密的关联。

（6）打印件无法取下。

解决办法：

①当打印模型的底部与打印平台接触面积比较大时，可以通过调整模型摆放角度，然后增加底板和支撑来解决。

②适当降低底层曝光时间，底层曝光时间可调节范围为15~20 s。底层曝光时间要根据模型的实际尺寸重量来预估，再次给出的数据均为推荐数据。

（7）光敏树脂耗材保存问题。

①耗材放置在料槽中的保存。

解决办法：短期内需再次使用的耗材，保存在料槽中，避免紫外光直射，保存时间不可超过一周。

②耗材开封后在原装瓶中保存。

解决办法：长期内没有再次使用的，需要将树脂用过滤网过滤一遍后再装入原有的瓶内，并拧紧瓶盖，开封后的树脂使用时间不可以超过三个月。

小张同学遇到的第一个问题：U盘无法读取模型。根据前面学过的知识，我们可以得知可能是U盘的原因，小张同学更换了U盘后，打印机便可以正常读取模型了。

第二个问题：打印件出现断裂的情况。根据前面学过的知识，可以得知是以下几种原因：①耗材或料盘上有杂质遮挡打印区域；②打印屏幕存在坏点或破裂。经过小张同学的排查，是料盘上有杂质，清理后，便可以打印出正常的模型。

第三个问题：打印机打印不出来模型。根据前面学过的知识，可以得知是以下几种原因：①曝光时间过短；②平台不是相对水平的；③平台与打印屏之间的距离过大，小张同学检查后发现是因为曝光时间过短，适当加长曝光时间就可以正常打印了。

项目 练习

一、填空题

1. 成型面板本身黏附能力差，可通过_____或_____来增强成型面板的黏附能力。

2. 打印的模型顶部出现孔洞或者缝隙的原因是_____、_____、_____。

3. 打印中途，如果出现挤出停止，主要从_____、_____、_____几个方面进行故障排除。

4. 要降低喷头温度，首先对比_____，然后根据对比结果_____，再通过打印效果来确认最佳打印温度。可以通过_____来快速确认最佳打印温度。

5. 打印模型时发现多余固化层，在现有曝光参数的基础上，可适当降低_____和_____，建议将底层曝光时间设置为_____，曝光时间设置为_____，看是否还会存在多余固化层的问题。

6.直接使用打印平台底部打印模型，且没有做任何支撑，这样打印出来的模型可能会出现下面两种问题＿＿＿＿＿＿＿、＿＿＿＿＿＿＿，所以一般在模型底部添加底板并添加模型支撑，支撑高度可设置在＿＿＿＿＿＿＿。

7.打印件有破损断开的可能原因是＿＿＿＿＿＿＿、＿＿＿＿＿＿＿，若光敏树脂耗材因为气泡等原因导致的模型表面空洞问题，可以＿＿＿＿＿＿＿，这样将会减少气泡引起的模型坑洞问题。

二、选择题

1.立体光固化设备使用的原材料为（　　　）。

A.光敏树脂　　　　　　　　　B.尼龙粉末

C.陶瓷粉末　　　　　　　　　D.金属粉末

2.下面关于打印出来的模型局部有残缺的原因，不正确的是（　　　）。

A.支撑加得太少了　　　　　　B.模型壁厚小于0.5 mm

C.打印机调平没有调好　　　　D.料槽离型膜磨损严重，导致透光变弱

3.市场上最常见的FDM打印材料直径为（　　　）。

A.1.75 mm或3 mm　　　　　　B.1.85 mm或3 mm

C.1.85 mm或2 mm　　　　　　D.1.75 mm或2 mm

4.层开裂或断开，与哪个因素无关（　　　）。

A.层高太高　　　　　　　　　B.打印温度太低

C.打印速度太慢　　　　　　　D.打印速度太快或壁厚太薄

三、简答题

1.打印发生翘边的解决办法有哪些？

2.光敏树脂耗材该如何保存？

3.耗材未加载到位的解决办法有哪些？

4.打印中途，挤出停止的主要原因是什么？

拓展阅读

全新3D打印智能隐形眼镜问世

智能隐形眼镜是一种像普通隐形眼镜一样附着在人眼上的产品，但可以提供各种信息，其对晶状体的研究也将助力诊断和治疗。此次，韩国蔚山国立科学技术研究院（UNIST）和韩国电工研究院（KERI）合作开发出了智能隐形眼镜的核心技术，该技术可通过3D打印实现基于增强现实（AR）的导航。

　　近一段时间以来，谷歌等公司正在为可实现AR的显示器开发智能隐形眼镜。但由于严重的技术挑战，商业化仍然存在许多障碍。其中一个制约在于，传统手法是使用电镀法将颜色以薄膜的形式涂在基板上，这限制了能够表达各种信息（如字母、数字、图像）的高级显示器的出现。

　　新研究的成就在于电致变色显示技术，这是一种可以在不施加电压的情况下，仅使用3D打印微图案来实现AR的技术。其通过喷嘴的精确运动，持续进行名为"普鲁士蓝结晶"的操作，从而形成一种微观模式。这使设备不仅可以在平坦的表面上形成图案，还同样适用于弯曲表面。该研究团队的微模式技术已达到非常精细（7.2 μm）的水平，可以应用于AR的智能隐形眼镜显示器，且颜色连续而均匀。

　　该研究的主要预期应用领域是导航，未来只需戴上隐形眼镜，导航就会通过AR在人眼前徐徐展开。部分当前流行的游戏也可以使用智能隐形眼镜来实现，而不是智能手机。

　　研究人员表示，他们开发的3D打印技术能在非规划基板上成功打印出功能性微图案，有望将先进的智能隐形眼镜商业化，以实现AR，这也将极大地促进AR设备的小型化和多功能性。

（来源：科技日报）

参考文献

[1] 刘永利. 逆向工程及3D打印技术应用[M]. 西安：西安交通大学出版社，2017.

[2] 殷红梅，刘永利. 逆向设计及其检测技术[M]. 北京：机械工业出版社，2020.

[3] 刘永利，张静. 逆向建模与产品创新设计[M]. 北京：机械工业出版社，2022.

[4] 张奎晓，贾芸，储逸然. 基于增材制造的点矩阵结构特性与建模方法[J]. 机械工程与自动化，2019（2）：221-226.

[5] 韩霞. 快速成型技术及应用[M]. 北京：机械工业出版社，2016.

[6] 张冲. 3D打印技术基础[M]. 北京：高等教育出版社，2020.

[7] 刘海光，缪遇春. 3D打印工艺规划与设备操作[M]. 北京：高等教育出版社，2019.